# 图说农网典型违章及事故案例

本书编委会 编

U0245985

中国电力出版社
CHINA ELECTRIC POWER PRESS

图书在版编目（CIP）数据

图说农网典型违章及事故案例／《图说农网典型违章及事故案例》编委会编. — 北京：中国电力出版社，2015.12（2019.8重印）
ISBN 978-7-5123-8190-2

Ⅰ.①图… Ⅱ.①图… Ⅲ.①农村配电－违章作业－案例②农村配电－安全事故－案例　Ⅳ.①TM727.1

中国版本图书馆CIP数据核字（2015）第200105号

中国电力出版社出版、发行

（北京市东城区北京站西街19号　100005　http://www.cepp.sgcc.com.cn）
三河市万龙印装有限公司印刷

＊

2015年12月第一版　2019年8月北京第三次印刷
850毫米×1168毫米　32开本　6.25印张　150千字
定价：35.00元

# 本书编委会

安全理念
常驻于心

### "三查"

查安全思想，查安全措施，查安全工器具

### "四清楚"

清楚当天工作任务，清楚工作安全风险，
清楚安全措施，清楚作业人员状况

### "四不放过"

事故原因不清楚不放过，
事故责任者和应受教育者没有受到教育不放过，
没有采取防范措施不放过，
事故责任者没有受到处罚不放过

### "四不伤害"

不伤害自己，不伤害他人，
不被他人伤害，保护他人不被伤害

### 以"三铁"反"三违"

以铁的制度、铁的面孔、铁的处理，
反对违章指挥、违章操作、违反劳动纪律

安全管理是供电企业永恒的主题。农（配）网现场作业由于工作点多面广，施工环境复杂多变，安全管理尤为关键。当前，农（配）网检修施工人员综合素质普遍有待提高，现场作业中我行我素、不守规程、不讲秩序、习惯性违章等情况时有发生，对企业的安全管理带来极大考验。建设企业的安全文化核心是"人"，加强安全管理关键也在于"人"，着力提高农（配）网作业人员的安全意识，形成安全的价值观念、思维方式和职业行为规范，是保障农（配）网检修施工作业安全的基础。

前事不忘，后事之师。这本《图说农网典型违章及事故案例》选取的50个案例均取材于近年来在农（配）网作业现场中出现的典型违章及事故教训。书中以形象生动的漫画形式，图文并茂的展示违章场景，涵盖国家电网公司《安全生产典型违章100条》中涉及的行为违章、装置违章、管理违章等相关内容，从涉及条例、可能造成的危害、违章原因分析等方面对案例进行深入的剖析，并提出针对性的防范措施，旨在使作业人员通过对案例的学习举一反三，切实增强农（配）网作业中的安全意识与规范意识，打造"本质安全人"，实现安全管理提升，促进国家电网公司安全文化的落地。

由于编者水平所限，书中难免有不妥或错误之处，敬请广大读者批评指正。

编者

2015年11月

# 目录 | CONTENTS

前 言

违章篇

## 事故篇

# 违章篇

# 案例 01

## 对违章不制止、不考核

### 一、案例回放

2014年10月15日，某供电所正在10千伏××线路施工，现场发生如下违章行为：

县公司安全督察人员在对现场进行安全检查时，发现该班组作业中的若干违章行为，施工现场还发生因高空抛物导致现场一名地面作业人员小腿受伤的事故。由于督察人员与现场负责人是多年深交，碍于情面并未对该违章行为进行记录和处理。次日，市供电公司在对同一现场督察时，施工班组的违章行为仍然存在。

## 二、涉及条例

①《安全生产典型违章100条》❶ 第12条：对事故未按照"四不放过"原则进行调查处理。

②《安全生产典型违章100条》第13条：对违章不制止、不考核。

③《安全生产典型违章100条》第69条：高处作业人员随手上下抛掷器具、材料。

## 三、可能造成的危害

1. 作业人员高空抛物等违章行为未得到及时纠正，可能导致人身及设备事故。

2. 安全督察人员对违章行为不制止、不考核，导致习惯性违章行为屡禁不止。

哎哟！

❶《安全生产典型违章100条》即《国家电网公司关于印发〈国家电网公司安全生产反违章工作管理办法〉的通知》（国家电网企管〔2014〕70号）中附件，下同。

## 四、违章原因分析

1. 规章制度执行不严。个别员工对规章制度置若罔闻，存在"执行疲劳"现象，各项规章制度的要求不能落到实处。

2. 县供电公司安全督察人员严重失职，对发生的不安全事件未上报、未分析、未追究责任、未采取防范措施。

## 五、防范措施

1. 高空作业严禁随手抛物，应使用工具袋，上下传递材料、工器具应使用绳索。

2. 严肃履责，严格执行到岗到位规定，提高安全督察人员的工作责任心，及时对违章行为进行制止、考核。加强违章行为的查处和纠正，严肃劳动纪律，严格队伍管理，对各种违章行为严肃处理。做到违章必究、违章必查、违章必处。

3. 按照"四不放过"原则，认真组织事故调查，深刻分析事故原因，严肃处理和教育责任人。严肃处理有规不依、有章不循、有禁不止的现象。

4. 强化全员安全教育和培训，提高工作人员的安全意识和安全防范能力，增强现场工作人员的自我保护意识，严格执行《国家电网公司电力安全工作规程（配电部分）（试行）》，提高执行规程的自觉性，养成良好的作业习惯。

案 例
**02**

# 不组织现场勘察，擅自扩大工作范围

## 一、案例回放

2014年4月2日，某供电所接到工作任务，计划更换10千伏××线1~20号杆导线，现场发生如下违章行为：

接到工作任务后，工作负责人未组织现场勘察，直接根据信息化系统内一次接线图，办理停电申请、编制工作票及工序工艺卡。施工班组到达现场后，发现工作范围内多出一条支线，工作负责人未报告上级、未重新履行停电手续，便安排工作班组成员将该支线导线一并更换。

## 二、涉及条例

①《安全生产典型违章100条》第7条：设备变更后相应的规程、制度、资料未及时更新。

②《安全生产典型违章100条》第8条：未按规定严格审核现场运行主接线图，不与现场设备一次接线认真核实。

③《安全生产典型违章100条》第16条：未按要求进行现场勘察或勘察不认真、无勘察记录。

④《安全生产典型违章100条》第42条：作业人员擅自扩大工作范围、工作内容或擅自改变已设置的安全措施。

⑤《国家电网公司电力安全工作规程（配电部分）（试行）》第3.3.9.12条：在原工作票的停电及安全措施范围内增加工作任务时，应由工作负责人征得工作票签发人和工作许可人同意，并在工作票上增填工作项目。若需变更或增设安全措施，应填用新的工作票，并重新履行签发、许可手续。

## 三、可能造成的危害

1. 设备运维人员在现场设备异动后未及时对信息化系统进行更新，现场设备与台账不一致，工作前未核实现场线路实际情况，导致误调度或触电事故。

2. 工作票签发人或工作负责人未组织现场勘察，无法准确掌握现场实际情况，盲目开工，容易造成生产事故。如无法

6

保证停电范围的正确性，可能导致人员登上带电设备发生触电事故，或存在其他带电线路跨越作业区域时，也可能导致施工现场不安全事件发生。

3. 工作负责人擅自扩大工作范围，当支线有联络线或支线上有其他人员作业时，极易导致人身及设备事故。

## 四、违章原因分析

1. 设备运维人员在现场设备异动后未及时对信息化系统进行更新。

2. 安全管理不到位。工作负责人没有认真履行安全责任，工作不认真、不细致，不组织现场勘察，申请停电时未认真核对现场一次设备。

3. 随意增加工作任务。在发现现场设备与停电申请、工作票不一致时，现场作业负责人未重新办理停电申请及工作票。

4. 作业人员安全意识淡薄，工作随意性大，不严格执行保证安全的组织措施和技术措施。安全生产管理薄弱，工作负责人、工作班成员相继出现一系列违章和失职行为。

## 五、防范措施

1. 严格执行设备新投、异动手续，确保现场设备与信息系统、图纸资料一致。

2. 根据工作计划和工作任务，工作签发人、工作负责人应组织对工作线路进行现场勘察，查看施工需要停电的范围、保留的带电部位、装设接地线的位置、临近线路、交叉跨越、多电源、自备电源、地下管线设施和作业现场的环境、条件及其他影响作业的危险点等，核对作业范围的设备状态和编号。召开班前会，进行危险点分析，制定安全和预控措施，明确人员分工，向全体工作班成员进行安全技术交底，准备施工需要的材料和工器具。

3. 作业人员（工作负责人）发现现场接线方式与停电申请不一致时，应及时汇报，重新办理停电申请。

4. 强化现场安全管理。在原工作票的停电及安全措施范围内增加工作任务时，应由工作负责人征得工作票签发人和工作许可人同意，并在工作票上增填工作项目。若需变更或增设安全措施，应填用新的工作票，并重新履行签发、许可手续。

5. 加强安全教育，提高工作人员自我保护意识，努力做到"四不伤害"。

违章篇

## 案例 03

### 施工现场着装不规范

## 一、案例回放

2014年8月20日15时，某供电公司安全督察人员在对某供电所作业现场进行督察时，发现如下违章行为：

工作负责人李某带领工作班成员张某和刘某作业，工作内容为10千伏××线15号杆更换跌落式断路器。因天气炎热，作业人员刘某佩戴安全帽但未系安全帽下颚带，另一人员张某身穿短袖T恤和化纤材质短裤。经查，工作班成员张某为新进员工，还未经过安全生产知识培训。

9

## 二、涉及条例

（1）《安全生产典型违章100条》第9条：新入厂的生产人员，未组织三级安全教育或员工未按规定组织《国家电网公司安全工作规程》（简称《安规》）考试。

（2）《安全生产典型违章100条》第24条：进入作业现场未按规定正确佩戴安全帽。

（3）《安全生产典型违章100条》第46条：进入工作现场，未正确着装。

## 三、可能造成的危害

1. 新进员工未按规定参加安全生产知识培训，未能掌握配电作业相关的安全知识，不能有效地采取安全防护措施，可能导致自己或他人发生安全事故。

2. 未按规定正确佩戴安全帽，安全帽易脱落或偏移，当发生高空坠落、高空落物时，易发生人身伤害事故。

3. 进入工作现场，未正确着装。化纤衣物及不规范着装可能导致电弧伤害加重，以及锋利物锥刺伤害。

## 四、违章原因分析

1. 新进员工未完成安全教育考试工作，进入现场参与施工作业。

2. 工作负责人未认真监督工作班成员正确使用劳动防护用品。

3. 作业人员安全意识淡薄，图简便舒适，没有正确使用劳动防护用品。

## 五、防范措施

1. 加强电气知识和业务技能培训，使作业人员掌握《国家电网公司电力安全工作规程（配电部分）（试行）》。新参加电气工作的人员、实习人员和临时参加劳动的人员（管理人员、非全日制用工等），应经过安全生产知识教育后，方可下现场参加指定的工作，并且不得单独工作。因故间断电气工作连续三个月及以上者，应重新学习安全规程，并经考试合格后，方可恢复工作。

2. 供电公司应定期补充劳动防护用品，保障现场作业人员的劳动防护用品合格、齐备。

3. 现场作业人员增强自我保护意识，正确佩戴安全帽，规范着装，穿全棉长袖工作服、绝缘鞋。

4. 作业班成员相互关爱监督，及时纠正不安全行为，提醒他人正确使用劳动防护用品。

# 案例 04

## 不严格执行倒闸操作规定

### 一、案例回放

2014年7月10日11时30分，某供电公司安监人员在某供电所倒闸操作现场督察时，发现并及时制止了一起严重违章行为：

工作内容为操作10千伏××线30号杆柱上联络断路器由运行转冷备用。供电所技术员王某（具备工作负责人资格）带领班组成员刘某作业，为图简便，作业班组未办理倒闸操作票便开始工作。因倒闸操作时间正值中午吃饭时间，现场操作人员为赶时间回家吃饭，未核对任何设备编号、名称、位置就开始进行倒闸操作；倒闸操作人员未戴绝缘手套；在操作完后，未仔细检查开关是否在分闸位置便立即拉开刀闸。

## 二、涉及条例

① 《安全生产典型违章100条》第19条：安排或默许无票作业、无票操作。

② 《安全生产典型违章100条》第27条：不按规定使用操作票进行倒闸操作。

③ 《安全生产典型违章100条》第29条：现场倒闸操作不戴绝缘手套，雷雨天气巡视或操作室外高压设备不穿绝缘靴。

④ 《安全生产典型违章100条》第35条：倒闸操作前不核对设备名称、编号、位置，不执行监护复诵制度或操作时漏项、跳项。

⑤ 《安全生产典型违章100条》第36条：倒闸操作中不按规定检查设备实际位置，不确认设备操作到位情况。

## 三、可能造成的危害

1. 倒闸操作不使用倒闸操作票，未明确操作设备和操作步骤，可能造成操作人员在倒闸操作时，操作错误设备或不能按照正确的操作顺序进行倒闸操作，易发生带负荷拉（合）刀闸、走错间隔误拉（合）开关等恶性误操作事件，造成人员和设备损伤，甚至可能造成人身伤亡事故。

2. 倒闸操作不戴绝缘手套可能造成操作人员触电。

3. 倒闸操作前不核对设备名称、编号、位置，可能造成恶性误操作事故，使线路、设备损坏或人身伤害事故。

4. 倒闸操作不确认设备是否操作到位，可能造成设备分合闸不到位，发生放电或发热，导致设备损坏。不仔细核对开关是否确在分闸位置，可能发生带负荷拉刀闸。

## 四、违章原因分析

1. 现场操作人员存在图省事、怕麻烦的思想，特别是操作负责人严重违章，安排无票操作，未认真履行倒闸操作制度。

2. 工作班成员安全意识淡薄，自认为不会发生安全事故，没有使用安全防护用品。

## 五、防范措施

1. 作业人员现场操作必须事先根据操作任务填写配网倒闸操作票，按照倒闸操作票中所列顺序进行倒闸操作。

2. 接到操作指令后，操作人员必须核对设备状态是否与调度下达一致，确认一致后方可进行操作。

3. 在操作机械传动的开关或刀闸时，应戴绝缘手套，操作没有机械传动的开关、刀闸、跌落式熔断器时，应使用绝缘棒。雨天室外高压操作应使用带防雨罩的绝缘棒，并穿绝缘靴、戴绝缘手套。雷电时禁止就地倒闸操作。在操作前对绝缘手套外观进行检查，保证安全工器具在有效试验期内，并进行气密性试验检查无破损和漏气。

4. 操作中监护人应严格执行规定，操作时高声唱票并要求操作人复诵，确认操作人复诵正确后，方才许可操作设备。操作人员每操作完一项，检查设备操作到位后，由监护人在操作票该项目后画"√"，以保证操作票中已执行项和未执行项明显区分。

5. 加强现场作业管理，严格落实"两票"管理规定。加强人员培训，不断提升作业人员安全意识。

# 案例 05

## 未正确使用工作票

### 一、案例回放

2014年11月12日，某供电所在实施10千伏××线6号杆消缺工作时，发生如下违章行为：

施工现场工作负责人未随身携带工作票，工作地点位于山坡上，工作票置于山下离工作地点500米以外的车辆中，工作票签发人未在工作票上签字。工作票所列工作班成员为4人，工作班成员确认签字栏仅有2人签字。现场标准作业工序工艺卡照抄模板，且未经审核无批准人签字。

## 二、涉及条例

① 《安全生产典型违章100条》第28条：未按规定使用工作票进行工作。

② 《安全生产典型违章100条》第39条：工作票、操作票、作业卡未按规定签名。

③ 《国家电网公司电力安全工作规程（配电部分）（试行）》第3.3.9.6条：工作许可时，工作票一份由工作负责人收执，其余留存工作票签发人或工作许可人处。工作期间，工作票应始终保留在工作负责人手中。

## 三、可能造成的危害

1. 工作负责人未随身携带工作票，工作任务和安全措施有可能未交代或交代不清，不能安全组织施工。

2. 工作票及工序工艺卡未审核签发，不能保证工作票及安全措施的正确性，可能导致在施工过程中出现人身伤害和设备不安全事件。

3. 工作任务和安全措施不交代或交代不清，作业人员未签字确认，作业人员可能不清楚工作中的危险点和安全措施，可能发生人身和设备不安全事件。

4. 标准化作业卡所列工序不完善，危险点分析无针对性，安全措施不完备，可能导致各类安全事故。

## 四、违章原因分析

1. 工作负责人未严格执行工作票制度，安全意识淡薄，施工管理随意散漫。

2. 工作负责人现场未严格进行安全交底、工作班成员未履行签字确认手续。

3. 标准化作业流于形式，未根据现场实际制定针对性预控措施。

## 五、防范措施

1. 工作票必须由工作票签发人审核确认，工作票有错误必须要求工作负责人重新修改，重新履行审核、签字手续。

2. 工作负责人须在作业前向工作班成员交代工作内容、危险点和现场安全措施布置情况。工作班成员清楚后，全员应在工作票上签字确认，班前会应有记录。

3. 加强现场标准化作业的执行力，工序工艺卡应有针对性，不能生搬硬套。

4. 工作负责人在工作期间必须将工作票、工序工艺卡、施工方案等随身携带。

未明确工作范围、安全措施不完善

## 一、案例回放

2014年9月10日，某供电所班组在实施××村低压线路检修作业时，施工现场为高低压同杆塔架设，高压未停电。发生如下违章行为：

现场工作负责人为秦某，专责监护人张某，工作班成员王某、李某等7人。到达施工现场后，工作负责人未宣读工作票，即安排王某前往配电台区停电。停电后立即安排工作班成员上杆作业，随即两名作业人员登上杆塔，此时接地线只挂了电源侧。

## 二、涉及条例

① 《安全生产典型违章100条》第40条：开工前，工作负责人未向全体工作班成员宣读工作票，不明确工作范围和带电部位，安全措施不交代或交代不清，近电作业未设专责监护人员，盲目开工。

② 《安全生产典型违章100条》第41条：工作许可人未按工作票所列安全措施及现场条件，布置完善工作现场安全措施。

③ 《安全生产典型违章100条》第43条：工作负责人在工作票所列安全措施未全部实施前允许工作人员作业。

④ 《国家电网公司电力安全工作规程（配电部分）（试行）》第1.2条：任何人发现有违反本规程的情况，应立即制止，经纠正后方可恢复作业。作业人员有权拒绝违章指挥和强令冒险作业；在发现直接危及人身、电网和设备安全的紧急情况时，有权停止作业或者在采取可能的紧急措施后撤离作业场所，并立即报告。

## 三、可能造成的危害

1. 可能造成触电人身伤亡。工作负责人未向全体工作班成员宣读工作票并明确作业范围，工作班成员不清楚高压带电情况，且无人监护近电作业，作业时可能发生触电人身伤亡。

2. 存在低压反送电可能。仅在电源侧挂接地线，未在工作地点两侧挂设。若用户自备发电机发电，则可能导致正在工作的人员触电。

## 四、违章原因分析

1. 工作负责人违章指挥，现场安全管理混乱，施工前未对全体施工人员进行全面安全技术交底。安全措施未布置完整即安排人员上杆作业。

2. 工作班成员在工作地点两端没有装设接地线的情况下，盲目登杆作业，缺乏识险、排险、防险能力。对现场不完善的安全措施视而不见，没有发现施工中存在的潜在危险，未拒绝违章指挥。

## 五、防范措施

1. 在邻近带电的电力线路进行工作时，应采取有效措施，使人体、导线、施工机具等与带电导线符合《国家电网公司电力安全工作规程（配电部分）（试行）》的规定（10千伏及以下线路安全距离为1.0米），并派专人监护，监护人员不得擅自离开。

2. 提高现场作业人员的自我保护能力，养成自觉遵守安全工作规程的好习惯，自觉加强安全防护，保证自身安全，拒绝违章指挥和强令冒险作业。

3. 在工作地点两端和有可能送电到停电线路工作地点的分支线（包括客户）上装设接地线，然后再开始作业，以确保工作人员的人身安全。

4. 工作负责人应严格执行工作许可制度和工作监护制度的相关规定：交代"四清楚"后，有工作班成员签字确认后，方可开展工作。

5. 强化安全教育和培训，特别是安全生产关键岗位人员的培训，提高工作票签发人、工作许可人、工作负责人的安全意识和技能水平。杜绝违章指挥和管理性违章，重点防止人身伤害事故的发生。有针对性地开展农电培训和考试工作，对农电系统的"三种人"（工作票签发人、工作负责人、工作许可人）进行考试，不合格者取消"三种人"聘用资格。

6. 加强安全生产管理。在线路施工时统一组织，并合理安排人员分工。工作前，应召开班前会，交代安全注意事项。扎实开展"反六不"（反电气作业不办工作票、反作业前不交底、反施工现场不监护、反电气作业不停电、反电气作业不验电、反电气作业不装设接地线）工作。加强农村电网工程施工现场的监督检查，确保现场危险作业可控、能控、在控。

7. 有分布式电源接入的电网管理单位应及时掌握分布式电源接入情况，并在系统接线图上标注完整。若在有分布式电源接入的低压配电网上停电工作，至少应采取以下措施之一防止反送电：接地、绝缘遮蔽、在断开点加锁、悬挂标示牌。

# 案例 07

## 不严格执行工作终结制度

### 一、案例回放

2014年12月5日，工作负责人吕某带领3个作业小组共12名工作班成员进行10千伏××线消缺作业，更换10~15号共6基10米电杆。

当天中午12点，更换电杆工作已结束，工作负责人吕某在没有对现场进行仔细检查的情况下，便指派两名工作班成员拆除所有工作接地线。由于山坡阻挡视线，便口头询问一名作业人员是否已全部下杆，在得到班员肯定的答复后，即向调度（工作许可人张某）汇报工作全部结束，可以送电，但此时山坡另一侧一名作业人员正在清理电杆上的遗留工器具，还未下杆。

## 二、涉及条例

① 《安全生产典型违章100条》第44条：工作班成员还在工作或还未完全撤离工作现场，工作负责人就办理工作终结手续。

② 《安全生产典型违章100条》第45条：工作负责人、工作许可人不按规定办理工作许可和终结手续。

③ 《国家电网公司电力安全工作规程（配电部分）（试行）》第3.7.1条：工作完工后，应清扫整理现场，工作负责人（包括小组负责人）应检查工作地段的状况，确认工作的配电设备和配电线路的杆塔、导线、绝缘子及其他辅助设备上没有遗留个人保安线和其他工具、材料，查明全部工作人员确由线路、设备上撤离后，再命令拆除由工作班自行装设的接地线等安全措施。接地线拆除后，任何人不得再登杆工作或在设备上工作。

④ 《国家电网公司电力安全工作规程（配电部分）（试行）》第3.7.3条：多小组工作，工作负责人应在得到所有小组负责人工作结束的汇报后，方可与工作许可人办理工作终结手续。

## 三、可能造成的危害

1. 没有查明全部作业人员确已下杆就指派两名工作班成员拆除所有工作接地线并办理工作终结手续，可能造成送电后发生人身触电事故。

2. 工作负责人没有组织检查工作地段状况，没有确认工作的配电线路的杆塔、导线、绝缘子及其他辅助设备上是否有遗留物，可能造成送电后发生短路或接地故障。

## 四、违章原因分析

1. 工作负责人不严格执行《国家电网公司电力安全工作规程（配电部分）（试行）》工作终结制度，未查明全部作业人员确已下杆便下令拆除接地线，并汇报调度恢复送电。

2. 工作负责人安全意识淡薄，急于收工，没有认真履行安全责任。

## 五、防范措施

1. 工作负责人应严格执行工作终结制度，必须查明全部工作人员已全部从线路及设备撤离后，才能命令拆除接地线。接地线拆除后，任何人不得再登杆。

2. 多个小组工作，小组负责人必须查明本小组全部工作人员已全部从线路及设备撤离，确认本小组工作的配电线路的杆塔、导线、绝缘子及其他辅助设备上是无遗留物后，才能命令拆除本小组装设的接地线，并向工作负责人汇报本小组工作终结；工作负责人应得到所有小组负责人工作结束的汇报后，方可与工作许可人办理工作终结手续。

3. 工作许可人严格履行安全责任，严格按照《安规》要求办理工作终结许可手续。

4. 加强"三种人"业务技能培训，使作业人员熟悉《国家电网公司电力安全工作规程（配电部分）（试行）》相关部分知识。

5. 加强作业现场的督察力度，发现有违反规程的情况，应立即制止，经纠正后方可恢复作业。

案例
# 08
# 不系安全带、高空抛物

## 一、案例回放

2014年5月10日，某供电公司安全督察人员在对某供电所10千伏××线3号塔更换A、C相悬瓶工作现场进行安全督察时，发现并及时制止了一起违章行为：

工作负责人王某带领3名工作班成员作业，经过班前会、安全交底、安全措施布置等前期工作后，作业人员李某和张某开始登塔进行悬瓶更换工作，李某和张某在更换完A相悬瓶后，两人开始向C相横担移动，在移动转位过程中李某未全过程系安全带，失去安全保护；两

人移动到C相横担处开始工作，将一片已损坏的悬瓶取下后，张某就随手向下扔，全过程工作负责人都没有制止违章行为。

## 二、涉及条例

① 《安全生产典型违章100条》第25条：从事高处作业未按规定正确使用安全带等高处防坠用品或装置。

② 《安全生产典型违章100条》第69条：高处作业人员随手上下抛掷器具、材料。

③ 《国家电网公司电力安全工作规程（配电部分）（试行）》第17.1.5条：高处作业应使用工具袋。上下传递材料、工器具应使用绳索；邻近带电线路作业的，应使用绝缘绳索传递，较大的工具应用绳拴在牢固的构件上。

④ 《国家电网公司电力安全工作规程（配电部分）（试行）》第17.2.4条：作业人员作业过程中，应随时检查安全带是否拴牢。高处作业人员在转移作业位置时不得失去安全保护。

⑤ 《国家电网公司电力安全工作规程（配电部分）（试行）》第3.3.12.2条：工作负责人督促工作班成员遵守本规程、正确使用劳动防护用品和安全工器具以及执行现场安全措施。

## 三、可能造成的危害

1. 李某在移动转位过程中失去安全带保护，可能发生高空坠落伤亡；

28

2. 随意高空抛物，可能砸伤下方作业人员。

## 四、违章原因分析

1. 作业人员安全意识淡薄，自我保护意识差，存在图省事、怕麻烦的侥幸心理，互相关心安全不够。

2. 工作负责人、专责监护人对现场安全监护不到位，未及时制止现场违章行为。

## 五、防范措施

1.  高处作业时严禁失去安全带保护，安全带的挂钩或绳子应挂在结实牢固的构件上，或专为挂安全带用的钢丝绳上，并应采用高挂低用的方式。禁止挂在移动或不牢固的物件上。

2.  高空作业严禁随手抛物，应使用工具袋，上下传递材料、工器具应使用绳索。地面人员在工作时应处于坠落物区范围外，如要接近在处理好后立即离开在范围外。

3.  加强检修现场作业管理，严格落实各项安全管理规定。现场人员应认真履行各自的安全职责，相互关心安全，互相提醒和监督，及时制止各种不安全的行为，做到人人讲安全。

4.  开工前工作负责人要对作业人员进行安全交底，要确认每位作业人员都已知晓，并签名确认。

5.  加大违章查处力度，促进员工由被动安全向主动安全的意识转变，杜绝知而不为的行为。

# 案例 09

## 未按规定设置围栏

### 一、案例回放

2014年8月12日，某供电所班组在实施××村低电压治理项目时，发生如下违章行为：

施工现场为××村1号公用变压器0.4千伏线路，12、13号杆位于行人道口，当日工作为架设低压导线600米。工作负责人为李某，工作班成员王某、付某等6人。班员在执行现场安全措施时，发现安全围栏数量未带够，并将此情况报告工作负责人李某，李某考虑到供电所距离施工现场较远，往返拿围栏会耽误开工时间，便安排仅对12

大爷，
慢点走。

12#

号杆下部设置围栏，13号杆下部未设置，口头交代13号杆上作业人员多注意。

## 二、涉及条例

① 《安全生产典型违章100条》第26条：作业现场未按要求设置围栏；作业人员擅自穿、跨越安全围栏或超越安全警戒线

② 《安全生产典型违章100条》第70条：在行人道口或人口密集区从事高处作业，工作地点的下面不设围栏、未设专人看守或其他安全措施。

③ 《安全生产典型违章100条》第90条：电气设备无安全警示标志或未根据有关规程设置固定遮（围）栏。

④ 《国家电网公司电力安全工作规程（配电部分）（试行）》第3.3.12.2条：工作负责人组织执行工作票所列由其负责的安全措施。

## 三、可能造成的危害

由于未设置或未正确设置安全围栏或未安排专人看守可能造成人员、车辆误入作业范围，引发高空坠物伤人事故和车辆交通安全事故。

## 四、违章原因分析

1. 工作负责人未严格组织执行安全措施，存在图省事、怕麻烦思想，对工作中的危险因素存侥幸心理，违章指挥。

2. 工作班成员不遵守作业现场安全管理要求，对自己在工作中的行为不负责任，存在严重的侥幸心理，未制止工作负责人的违章指挥行为。

3. 工作前"三查"不到位，未查明工作所需的安全围栏数量不足。

4. 安全教育未落到实处，对安全风险点管控不到位，生产班组整体安全意识不强。

## 五、防范措施

1. 在行人道口或人口密集区从事高处作业，工作地点需设围栏及警示标识，并设专人看守或其他安全措施，必要时向交通管理部门申请交通疏导和管制。作业人员在工作中不得穿、跨越安全围栏或超越安全警戒线。

2. 施工班组应做好安全工器具准备工作，工器具不齐备不得盲目开工。认真开展工作前"三查"，确保施工工具、安全用具齐备。

3. 加强安全教育培训，特别是安全生产关键岗位人员的培训，提高工作负责人责任心和安全意识。

4. 加强警示教育，消除工作人员工作中的侥幸心理，多次的侥幸是发生事故的必然。

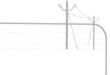

# 案例 10

# 未按规定验电及装设接地线

## 一、案例回放

2014年3月10日，某供电公司安全督察人员在对某供电所10千伏××线检修现场督察时，发现并及时制止了一起违章行为：

供电所工作负责人王某带领2名班组成员对10千伏××线20号杆进行消缺，停电范围是01号杆z001柱上断路器后端线路。班组未携带验电笔，装设接地线前未正确验电，竟然用手钳子靠近导线，以此来判断是否带电。接地线接地端采取缠绕方式，杆上人员装设时，地面人员还未将接地钎牢固接地，装设顺序错误。绝缘手套已过期，

且01号杆z001柱上断路器处未悬挂"禁止合闸、线路有人工作"标示牌。

## 二、涉及条例

① 《安全生产典型违章100条》第37条：停电作业装设接地线前不验电，装设的接地线不符合规定，不按规定和顺序装拆接地线。

② 《安全生产典型违章100条》第38条：漏挂（拆）、错挂（拆）标示牌。

③ 《安全生产典型违章100条》第48条：不按规定使用合格的安全工器具、使用未经检验合格或超过检测周期的安全工器具进行作业（操作）。

④ 《国家电网公司电力安全工作规程（配电部分）（试行）》第4.2.8条：可直接在地面操作的断路器（开关）、隔离开关（刀闸）的操作机构应加锁；不能直接在地面操作的断路器（开关）、隔离开关（刀闸）应悬挂"禁止合闸，有人工作！"或"禁止合闸，线路有人工作！"的标示牌。熔断器的熔管应摘下或悬挂"禁止合闸，有人工作！"或"禁止合闸，线路有人工作！"的标示牌。

## 三、可能造成的危害

1. 装设接地线前不验电，可能导致人身触电伤害或设备事故。

2. 不按规定和顺序装拆接地线，可能造人员触电伤亡。

3. 可能来电侧的开关未悬挂"禁止合闸、线路有人工作"标示牌，在作业期间一旦误合开关，可能造成作业人员触电伤亡。

4. 使用过期绝缘手套装设接地线，接地线接地端采取缠绕方式未可靠接地，可能造成作业人员触电伤亡。

## 四、违章原因分析

1. 作业前准备不充分，未携带验电笔。作业人员安全意识淡薄，自我保护意识差，严重违章，自创了极度危险的"手钳子验电法"，工作习惯随意散漫。

2. 工作负责人未履行安全职责，纵容违章行为。

3. 操作人员未认真履行倒闸操作制度，未按《安规》规定完善相应安全措施。

4. 工作班开工前未认真检查安全工器具是否合格。

## 五、防范措施

1. 工作负责人、工作班成员在生产过程中应严格履行各自的安全职责，严格执行保证安全的技术措施：停电、验电、接地、悬挂标识牌和装设遮拦（围栏）。

2. 线路及设备停电检修时，接地前应使用相应电压等级的接触式验电器逐相验电。装设接地线时，应戴绝缘手套，先接接地端，后接导体端，禁止用缠绕方式接地或短路。

3. 施工班组在进行作业前准备工作时，应检查安全工器具正确齐备。安全工器具应进行国家规定的型式试验、出厂试验和使用中的周期性试验。

4. 加强检修现场作业管理，严格落实"两票"管理规定。加强安全教育培训，不断提升作业人员安全意识。加强作业现场安全措施执行情况的检查力度。

# 未正确使用劳动防护用品

## 一、案例回放

2014年3月11日，某供电所实施××村××社低压线路消缺工作，工作内容为增加一根10米电杆，更换100米导线。现场发现如下违章行为：

未给民工发放安全帽及手套，在人工收放线时民工徒手拉线。一名作业人员在操作砂轮机时，未戴护目眼镜。

## 二、涉及条例

① 《安全生产典型违章100条》第6条：未按规定配置现场安全防护装置、安全工器具和个人防护用品。

② 《安全生产典型违章100条》第49条：不使用或未正确使用劳动保护用品，如使用砂轮、车床不戴护目眼镜，使用钻床等旋转机具时不戴手套等。

## 三、可能造成的危害

1. 在作业中不戴安全帽，作业人员头部没有有效保护，可能发生高空坠物伤人等事故。

2. 在收放线时不戴手套容易磨伤作业人双手，可能松脱导线导致导线反弹、掉落伤人等不安全事件发生。

3. 使用砂轮机不戴护目眼镜，可能伤害作业人员眼睛。

## 四、违章原因分析

1. 工作负责人责任意识不强，作业前准备不充分，作业现场未配置齐备的劳动防护用品。

2. 作业人员自我防护意识不强，在劳动防护用品不齐备的情况下违规作业。

## 五、防范措施

1. 按规定配置个人防护用品，确保作业人员身体不受伤害。加强安全教育培训，使作业人员掌握安全规程及制度，强化人员安全意识和责任意识，强化对安全工作规定的刚性执行，杜绝执行不到位、执行搞变通。

2. 施工单位应按规定配置个人防护用品，保证作业现场劳动防护用品合格齐备，确保作业人员身体不受伤害。同时应保证民工的安全帽、手套等劳动防护用品合格齐备。

3. 作业人员应正确佩戴个人防护用品，正确使用劳动保护用品，确保施工人员身体不受伤害。使用砂轮机需戴护目眼镜，电焊作业时应戴防护面罩。

4. 做好现场安全交底，落实现场安全措施，强化作业人员规则意识，杜绝各类违章行为的发生。

案例
**12**

## 在带电设备周围使用金属尺、金属梯

### 一、案例回放

2014年11月25日，某供电公司安排某供电所进行隐患排查，对老旧变压器安装高度进行测量，其中一个小组在测量××村1号公用变压器台架高度时，发生如下违章行为：

该小组负责人为何某，工作班成员为王某。工作前未办理线路停电。到达现场后，何某从附近居民借了一把铝合金梯子，将梯子搭在台架上，安排王某登上梯子作业。王某登高后，直接用钢卷尺测量台架高度，未能与变压器带电部分保持0.7米的安全距离。

## 二、涉及条例

① 《安全生产典型违章100条》第53条：在带电设备周围使用钢卷尺、皮卷尺和线尺（夹有金属丝者）进行测量工作。

② 《安全生产典型违章100条》第54条：在带电设备附近使用金属梯子进行作业；在户外变电站和高压室内不按规定使用和搬运梯子、管子等长物。

## 三、可能造成的危害

1. 在带电设备附近使用钢卷尺过程中扭曲反弹，可能误碰带电设备，造成触电人身伤亡事故。

2. 作业人员未能与带电体保持足够安全距离，可能误碰带电设备，造成触电人身伤亡事故。

3. 在带电设备附近使用金属梯，可能误碰带电设备，造成触电人身伤亡事故。

## 四、违章原因分析

1. 作业人员自我保护意识差，在带电设备附近工作使用钢卷尺及金属梯，严重违反安全工作规定。

2. 工作负责人违章指挥，冒险作业，置他人于危险中。

3. 作业前准备工作不充分，未携带绝缘梯或绝缘测量杆，埋下安全隐患。

4. 作业人员未拒绝违章指挥，没有与带电体保持足够安全距离。

## 五、防范措施

1. 提前做好现场勘察，分析危险点，制定针对性防范措施。

2. 施工班组作业前应做好准备工作，检查工器具是否正确齐备。

3. 在带电设备附近工作，应使用绝缘测量工具，加强监护。严禁使用钢卷尺、皮卷尺和线尺（带金属丝者）进行测量。

4. 在带电设备附近应使用绝缘梯，在户外变电站和高压室内使用和搬运梯子、管子等长物，应两人放倒搬运，并与带电部分保持足够安全距离。

5. 在带电设备附近工作，作业人员应保持足够的安全距离（10千伏线路不小于0.7米）；如不能保证安全距离，则应停电。

## 案例 13

# 违章进行起吊作业

## 一、案例回放

2014年10月27日，某供电公司某供电所在××场镇实施更换故障变压器工作中，发生以下违章行为：

10千伏线路未停电，仅拉开高压侧跌落式熔断器，在无专人指挥和监护的情况下，吊车操作人员擅自起吊操作；在起吊新变压器过程中，起吊物下面有一位路人通过。

## 二、涉及条例

① 《安全生产典型违章100条》第60条：吊车起吊前未鸣笛示警或起重工作无专人指挥；

② 《安全生产典型违章100条》第61条：在带电设备附近进行吊装作业，安全距离不够且未采取有效措施。

③ 《安全生产典型违章100条》第62条：在起吊或牵引过程中，受力钢丝绳周围、上下方、内角侧和起吊物下面，有人逗留和通过。吊运重物时从人头顶通过或吊臂下站人。

## 三、可能造成的危害

1. 起吊作业无专人指挥，在吊装过程中可能导致人身伤害和设备损坏。

2. 在带电线路附近起吊，无专人监护，易造成误碰带电设备，导致人身触电伤害或设备损坏。

3. 吊车吊臂下有人员经过，起吊过程中可能发生坠物导致人身伤害事故。

## 四、违章原因分析

1. 现场查勘不到位，停电范围不正确。

2. 起吊作业无专人指挥或指挥信号不明确，没有采取吹口哨等明确的信号，不能有效地提醒作业人员离开危险区域。

3. 起吊作业无专人监护或监护不到位，未对被吊物件和周围人员情况进行检查。吊车司机安全意识淡薄，对在带电线路附近起吊的安全距离要求不明，危害不清。

4. 吊车司机看见有人站立在不安全的地方，且指挥信号不明就起吊，违反了起重司机操作规定，缺失职业道德。

## 五、防范措施

1. 起吊作业应设专人指挥，规范起重指挥动作，吊车司机服从指挥，配合协调，防止误操作。

2. 在带电线路附近起吊，吊臂与带电设备的距离应满足安规要求，设专责监护人。如不满足安全距离，应停电。

3. 作业现场应设置安全围栏隔离行人，并设专人监护，在起吊或牵引过程中，受力钢丝绳周围、上下方、内角侧和起吊物下面，严禁有人逗留和通过。

4. 起吊重物前，应由起重工作负责人检查悬吊情况及所吊物件的捆绑情况，确认可靠后方可试行起吊。起吊重物稍离地面（或支持物），应再次检查各受力部位，确认无异常情况后方可继续起吊。

5. 现场使用吊车等大型起重设备时，应提前检查操作人员是否具备起重作业资格，起重设备是否具备特种作业许可证。

## 案例 14

### 未认真执行工作监护制度

## 一、案例回放

2014年5月22日10时，某供电公司安全督察人员在对某供电所10千伏××线公用变压器停电检修工作现场督察时，发现并及时制止了一起违章行为。

工作负责人谢某带领1名班员工作，谢某不认真履行监护职责，在距离工作点20米以外的车中打电话，工作班成员王某单独工作，登梯时无人扶梯，且绝缘梯支撑在乱石子上。

## 二、涉及条例

**1** 《安全生产典型违章100条》第34条：专责监护人不认真履行监护职责，从事与监护无关的工作。

**2** 《安全生产典型违章100条》第71条：在梯上作业，无人扶梯子或梯子架设在不稳定的支持物上，或梯子无防滑措施。

## 三、可能造成的危害

1. 单人独自作业，无人监护，可能导致误碰带电设备引起人身伤害事故及设备故障。

2. 在梯子上作业时，既没有人扶梯，也没有对梯脚采取防滑、防倾倒措施，梯子可能发生滑动、倾倒，造成作业人员受伤。

## 四、违章原因分析

1. 工作负责人安全、责任、纪律意识淡薄，随意脱离监护岗位。

2. 作业人员自我保护意识不足，在无人监护的情况下冒险作业。

3. 使用梯子无人扶持，且未采取防滑措施。

## 五、防范措施

1. 专责监护人不得兼做其他工作，离开工作现场时，应通知被监护人员停止工作或离开工作现场，返回工作现场后方可恢复工作；若专责监护人必须长时间离开工作现场时，应由工作负责人变更专责监护人，履行变更手续，并告知全体被监护人员。监护人不得从事与工作无关的事情。

2. 工作前工作负责人应交代安全措施、告知危险点和安全注意事项。

3. 作业人员应熟悉工作内容、工作流程，掌握安全措施明确工作中的危险点，及时发现和制止作业现场的不安全行为，严禁冒险作业。

4. 梯子登高要有专人扶守，梯子应坚固完整，有防滑措施。梯子的支柱应能承受攀登时作业人员及所携带的工具、材料的总重量。使用单梯工作时，梯与地面的斜角度约为60度，人在梯上时，禁止移动梯子。

## 案例 15 采取突然剪断导线的方法撤线

### 一、案例回放

2014年11月20日，为配合铁路接触网停电，某供电公司计划对跨越铁路的10千伏退运线路进行拆除。作业队伍为辖区供电所班组，施工时间为夜间23时，该段铁路接触网仅停电1小时。拆除线路过程中发生了如下违章行为：

工作负责人带领作业人员事先在铁路铁丝网外等候，接到铁路停电通知后，随即进入作业区域。因照明灯具故障耽误近20分钟，恢

复照明后即安排作业人员登上铁路两侧电杆。因时间紧急，现场并未执行事先拟定的施工方案，而采取直接开断导线的方式拆除，严重违章。全过程该供电公司管理人员未到现场督导。

## 二、涉及条例

① 《安全生产典型违章100条》第21条：大型施工或危险性较大作业期间管理人员未到岗到位。

② 《安全生产典型违章100条》第75条：组立杆塔、撤杆、撤线或紧线前未按规定采取防倒杆塔措施或采取突然剪断导线、地线、拉线等方法撤杆撤线。

## 三、可能造成的危害

1. 大型施工或危险性较大作业管理人员未到场监督指导，安全风险管控缺失，易发生安全事件。

2. 直接剪断导线，会改变杆塔受力平衡，易发生意外倒杆，酿成人身伤亡事故，威胁火车行驶安全。

## 四、违章原因分析

1. 作业前准备不充分，未检查照明灯具情况。

2. 工作负责人安全意识淡薄，采取野蛮方式施工。

3. 工作班成员自我保护意识不足，没有拒绝违章指挥。

4. 管理人员未到现场进行监督指导。

## 五、防范措施

1. 大型施工或危险性较大作业应事先拟定完备的施工方案，并做好应急预案。管理人员切实履行到岗到位职责，及时制止施工现场违章行为。

2. 定期对生产工器具、仪器仪表进行检查保养，保证各类器具的正常使用。

3. 立、撤杆应按规定采取防倒杆措施，设专人统一指挥，明确指挥信号。开工前应交代施工方案、危险点和安全措施。

4. 撤杆撤线前，应全面检查杆根受力、连接部位情况，必须加设临时拉线或晃绳。

5. 杆塔上有人时，禁止调整和拆除拉线。

案例

# 16

## 线路、设备对地距离不足

## 一、案例回放

2014年9月25日，某供电公司管理人员在对某供电所线路进行监察性巡视时，发现如下隐患：

10千伏××线65号杆处台式变压器已拆除，但高压引下线未完全拆除，也未固定。64号杆至63号杆地处人口密集区，导线对地距离仅为5.4米。经检查供电所缺陷记录，该隐患已存在数月，运行单位未及时消缺且未采取防范措施。

## 二、涉及条例

① 《安全生产典型违章100条》第14条：对排查出的安全隐患未制订整改计划或未落实整改措施。

② 《安全生产典型违章100条》第82条：高低压线路对地、对建筑物等安全距离不够。

③ 《安全生产典型违章100条》第83条：高压配电装置带电部分对地距离不能满足规程规定且未采取措施。

④ 《安全生产典型违章100条》第86条：电力设备拆除后，仍留有带电部分未处理。

## 三、可能造成的危害

1. 导线对地距离不足，易发生触电事故。

2. 拆除变压器后，高压引下线未全部拆除，且未采取固定措施，可能引起相间短路或接地故障发生。同时无任何安全警示标志，可能导致人员误触带电线路。

## 四、违章原因分析

1. 运行管理水平不足，对安全隐患未及时采取防范措施，也未制订和落实整改计划。

2. 拆除变压器后，施工班组未处理好现场遗留带电设备，施工工艺、工序上存在漏洞。验收人员也未指出缺陷并要求整改。

## 五、防范措施

1. 加强设备巡视管理，及时发现隐患并上报，对地距离不足应视为危急缺陷立即处理。根据《配电网运行规程》，10千伏架空裸导线对地距离应大于6.5米（居民区）。

2. 高低压配电装置带电部分对地、对构筑物距离不足，未消除前应采取防范措施，如设置围栏、悬挂标示牌等。

3. 应严格执行现场标准化作业要求。

4. 各单位应按照"全方位覆盖、全过程闭环"的原则，实施隐患"发现、评估、报告、治理、验收、销号"的闭环管理。建立隐患信息库，实现"一患一档"管理，保证隐患治理责任、措施、资金、期限、预案"五落实"。

案 例

# 17

# 未按规定设置设备标识、号牌

## 一、案例回放

2014年8月20日，某供电公司安全督察人员在对某供电所施工现场安全督察时，发现作业现场存在如下问题：

工作任务为更换10千伏××线15号杆柱上开关上桩头设备线夹，同杆架设（上下排列）的另一回线路未停电。柱上开关无双重名称，检修线路与另一运行线路同杆架设，线路杆号牌字迹不清晰，同杆架设线路之间无色标区分。

## 二、涉及条例

① 《安全生产典型违章100条》第91条：开关设备无双重名称。

② 《安全生产典型违章100条》第92条：线路杆塔无线路名称和杆号，或名称和杆号不唯一、不正确、不清晰。

③ 《安全生产典型违章100条》第94条：平行或同杆架设多回线路无色标。

## 三、可能造成的危害

1. 由于杆号牌不清晰，同杆架设线路之间无区分，可能导致工作人员误登杆塔造成人身触电伤亡事件发生。

2. 由于开关无双重编号，可能导致操作人员误操作。

## 四、违章原因分析

1. 日常运维工作不到位，未及时补充更换杆号牌、开关标示牌。

2. 前期勘察不到位或未执行现场勘查制度，在现场不满足安全施工条件下盲目开工。

3. 作业人员未指出现场安全风险，未拒绝违章指挥。

## 五、防范措施

1. 加强日常巡视管理对字迹不清或缺失的杆号牌、设备双重标识牌应及时更换补充。在平行或同杆架设的多回线路应设置明确标识牌。

2. 施工前应落实现场勘察制度，发现不满足安全施工条件，不得盲目开工。

3. 不满足配网安全工作规程规定的安全距离的情况下，不得进行同杆架设线路的单回停电作业。

4. 在满足配网安全工作规程规定的安全距离情况下，方可开展同杆架设的下层线路的停电作业，且必须采取可靠防人身触电的安全措施，工作前应交代清楚作业范围、安全措施、危险点及注意事项。

5. 为防止误登带电线路，应采取以下措施：① 每基杆塔应设识别标识和线路名称、杆号。② 工作前应发给作业人员相对应线路的识别标记。③ 经核对停电检修线路的识别标记和线路名称、杆号无误，验明线路确已停电并挂好接地线后，工作负责人方可宣布开始工作。④ 作业人员登杆塔前应核对停电检修线路的识别标记和线路名称、杆号无误后，方可攀登。⑤ 登杆塔和在杆塔上工作时，每基杆塔都应设专人监护。

## 案例 18

# 现场施工未执行工艺标准

## 一、案例回放

2014年10月，某供电公司组织对某镇农网标准化台区改造项目安全检查时，发现以下问题：

导线截面偏小，导线型号为JKLYJ-35，与设计中的JKLYJ-50不符；设备一次安装接线与技术协议和设计图纸不一致；绝缘配电线路上未按规定设置验电接地环；避雷器未分相接地；变压器本体外壳接地不良好；接地电阻值不符合要求。作业人员正在加工接地扁钢，直接连接电源，未使用漏电保护器。

## 二、涉及条例

1 《安全生产典型违章100条》第15条：设计、采购、施工、验收未执行有关规定，造成设备装置性缺陷。

2 《安全生产典型违章100条》第89条：设备一次安装接线与技术协议和设计图纸不一致。

3 《安全生产典型违章100条》第93条：线路接地电阻不合格或架空地线未对地导通。

4 《安全生产典型违章100条》第95条：在绝缘配电线路上未按规定设置验电接地环。

5 《安全生产典型违章100条》第98条：电气设备外壳无接地。

6 《国家电网公司电力安全工作规程（配电部分）（试行）》第14.4.1条：连接电动机械及电动工具的电气回路应单独设开关或插座，并装设剩余电流动作保护装置，金属外壳应接地；电动工具应做到"一机一闸一保护"。

## 三、可能造成的危害

1. 导线截面选择如果不能适应当地经济中长期发展的需要，在线路建成后较短的时期内，将可能出现线路过载导致故障频发。

2. 配电变压器接地电阻不合格，雷电流释放通道不畅，可能导致设备损坏。配电变压器发生单相接地故障时保护装置不能可靠动作，可能引发设备或人身事故。

3. 在绝缘配电线路上未按规定设置验电接地环，挂接地线时需切割设置接地点或挂接地点远离工作区域，或者挂接极不可靠，接地不良，起不到保护的作用。

4. 外壳无接地，当变压器绝缘损坏外壳带电时，可能造成人身触电伤害。

5. 现场施工中一般使用移动式电器、手动式工具，均有外露可导电部分，如不装设漏电保护器，万一发生漏电将危及人身安全。

## 四、违章原因分析

1. 设计人员和安装人员对相关的标准、规定掌握不够，凭经验办事。

2. 安装人员存在图省事、怕麻烦的侥幸心理。

## 五、防范措施

1. 运行单位应监督施工单位严格按照图纸施工，严格执行工艺标准。

2. 加强施工及检修质量管理，建立健全施工及检修质量验收责任制度，对于不符合质量标准的现象，应及时组织整改。

3. 加强人员培训，不断提升设计人员、施工人员的技能水平。

4. 在潮湿或含有酸类的场地使用电动工具，应装设额定动作电流小于10毫安、无延时的剩余电流动作保护器。

## 案例
## 19

# 违规使用绞磨

## 一、案例回放

2014年11月10日，某供电公司安全督察人员在对某供电所10千伏××线电缆更换工作现场安全检查时，发现并及时制止了一起违章行为。

供电所肖某（具备工作负责人资格）带领班组成员杨某等8人更换10千伏××线故障电缆。由于该电缆穿越公路和河道，长约120米，通道狭窄，人力无法拖出，使用机动绞磨牵引钢丝套将电缆分段拖出。安全督察人员发现机动绞磨转动部分无防护罩，现场民工随意

跨越受力钢绳，操作绞磨人员用木棒拨钢绳换位，制动装置不灵敏，数次靠熄火制动。督察人员立即要求该班组停工，整改违章后再行复工。

## 二、涉及条例

① 《国家电网公司电力安全工作规程（配电部分）（试行）》第14.2.1.3条：作业时禁止向滑轮上套钢丝绳，禁止在卷筒、滑轮附近用手触碰运行中的钢丝绳，禁止跨越行走中的钢丝绳，禁止在导向滑轮的内侧逗留或通过。

② 《安全生产典型违章100条》第59条：跨越运转中输煤机、绞磨、卷扬机等牵引用的钢丝绳。

③ 《安全生产典型违章100条》第100条：起重机械，如绞磨、汽车吊、卷扬机等无制动和逆止装置，或制动装置失灵、不灵敏。

## 三、可能造成的危害

1. 操作绞磨人员用木棍拨钢绳换位，可能导致手卷入机器转动部分，引起人身伤害。

2. 人员跨越时，钢丝套突然脱落或牵引钢丝绳突然断裂弹起伤人。

3. 绞磨制动失灵，可能在意外情况下拖拉施工人员造成人员伤害，或损毁设备、管道等。

## 四、违章原因分析

1. 对民工安全交底不到位，安全监护缺失，未及时制止其跨越受力钢绳的违章行为。

2. 工作现场安全管理不规范。对工器具、转动机具的检查不到位，对转动机具的使用要求不清楚，危害不明确。

3. 员工安全意识淡薄，自我保护意识差。

## 五、防范措施

1. 机具的制动器、限位器、安全阀、闭锁机构等安全装置应完好，严禁跨越运转中的绞磨、卷扬机等牵引用的钢丝绳，牵引通道应设立专人监护和隔离警示措施，防止外来人员误入。

2. 加强机具操作人员的业务技能及安全培训，提高工作人员的安全意识和自我保护能力，提高对作业环境中的危险点辨识和预控能力，加强自我保护意识，努力做到"四不伤害"。

3. 民工安全交底到位，加强对民工的监护，及时制止不安全行为。

4. 严格现场勘察制度，做好危险点分析。根据现场的作业条件、作业环境认真分析其危险点，编制标准化作业书并履行审批手续。

5. 做好工器具维护工作，部件损坏应及时修复。钢丝套或其他连接部位应绑扎到位，加强监护。

案 例
## 20
# 动火作业不规范

## 一、案例回放

2013年8月10日，某供电公司安全督察人员在对某供电所线路施工现场进行督察时，发现并及时制止了一起违章行为。

工作任务为更换10千伏××线18号杆隔离开关，距离电杆10米处有一木材加工厂（二级动火区）。人员登杆后发现原隔离开关锈蚀严重，需用氧焊切割后才能取下。工作负责人喊来附近车辆修理厂焊工王某登梯切割。王某自称有焊工证但未带（经查实际无证），无特种作业操作证（高处作业）。切割时氧气瓶及乙炔气瓶随意放倒在地上且紧邻，经查施工班组未办理动火工作票。

## 二、涉及条例

**1** 《安全生产典型违章100条》第10条：特种作业人员上岗前未经过规定的专业培训。

**2** 《安全生产典型违章100条》第76条：动火作业不按规定办理或执行动火工作票。

**3** 《安全生产典型违章100条》第77条：特种作业人员不持证上岗或非特种作业人员进行特种作业。

**4** 《安全生产典型违章100条》第80条：易燃、易爆物品或各种气瓶不按规定储运、存放、使用。

## 三、可能造成的危害

1. 施工班组临时聘请不清楚安全工作规定外部人员参与施工作业可能导致人身伤害事故。

2. 特种作业人员无特种作业资格，可能导致人身伤害事故。

3. 动火作业不办理动火工作票，未设置消防监护人，氧气瓶和乙炔瓶距离不够，未对现场周边可燃物进行清理，未准备消防灭火器材，可能引燃周围易燃物，造成火灾甚至爆炸。

4. 人员未采取防坠措施，可能造成人身坠落伤害。

## 四、违章原因分析

1. 工作负责人未核实外聘人员特种作业资质，且未进行安全交底，外聘人员作业安全无法保证。

2. 特种作业人员无特种作业资格，不符合从业人员条件，业务技能和安全操作水平无法保证。

3. 工作负责人存在图省事、怕麻烦思想，作业中发现问题增加动火作业内容未履行动火作业手续。

4. 作业人员安全意识淡薄，没有采取防坠落及防火措施。

## 五、防范措施

1. 加强检修现场作业管理，做好登高、动火等作业现场的安全监护工作。高处作业应全程系好安全带，动火作业的氧气瓶和乙炔瓶应垂直固定放置，间距不得小于5米，气瓶放置地点不得靠近热源，应距明火10米以外，动火前清理周边可燃物，并准备正确合格、充足的消防灭火器材。

2. 严格特种作业人员资质审查，特种作业人员的资质应在有效期内。外来人员需进行《安规》培训、考试、并经过设备运维单位认可，方可上岗作业。

3. 如作业中发现问题需增加检修内容，应履行相关手续，禁止野蛮施工。

案例
21
动火作业消防措施不到位

## 一、案例回放

2014年8月10日，某供电公司安全督察人员在对某供电所施工现场督察时，发现并及时制止了一起违章行为。

工作负责人何某办理动火工作票后，带领班组成员李某对10千伏××线××村1组配电室破损的门窗进行维修。现场更换钢质门套、在防盗门上加装门把手、更换钢质附窗。配电室周围堆有秸秆，使用电焊未清理现场，现场也无灭火器材。督察人员立即要求该班组停工，整改违章后再行复工。

## 二、涉及条例

① 《安全生产典型违章100条》第79条：在易燃物品及重要设备上方进行焊接，下方无监护人，未采取防火等安全措施。

② 《安全生产典型违章100条》第88条：易燃易爆区、重点防火区内的防火设施不全或不符合规定要求。

## 三、可能造成的危害

1. 在易燃物品上方动火焊接，无监护人，不配置正确充足的灭火器材，不及时清理电气设备附近的可燃物，极易引发火灾。

2. 焊花飞溅，未在安全区的人员可能被灼伤。

3. 重要防火区未设置灭火器材，在电气设备发生故障如发热、融溶引发火灾时，无法及时处理，会导致事故范围扩大。

## 四、违章原因分析

1. 现场勘察制度落实不严格，危险点分析不到位，没有清理动火现场可燃物。未携带足够的灭火器材，作业现场不具备安全作业条件时，冒险作业，野蛮施工。

2. 作业现场管理混乱，现场负责人违章指挥，动火工作票执行不严肃，安全措施不全即宣布开工。

3. 工作班成员对现场不完善的安全措施视而不见，没有发现并指出存在的潜在危险。员工安全意识淡薄，自我保护意识差，施工人员违章作业。

4. 重要防火区未设置灭火器材，一旦设备发生故障引发火灾，将无法及时处置，造成事故扩大。

## 五、防范措施

1. 严格落实现场勘察制度，做好危险点分析。根据现场的作业条件、作业环境认真分析其危险点所在，尤其要对危险性较大的作业项目，要编制标准化作业工序工艺卡并经相关领导批准。

2. 加深对习惯性违章严重性的认识，提高作业人员的安全意识和自我保护能力。加大反三违（违章操作、违章指挥、违反劳动纪律）考核力度。提高对作业环境中的危险点辨识和预控能力，加强自我保护意识，做到"四不伤害"。

3. 动火作业前应清除动火现场及周围的易燃物品，或采取其他有效的防火安全措施，配备足够适用的消防器材。野外动火受天气影响，可能引燃房屋、山林、农作物，造成人身和财产巨大损失。重要防火区应设置正确齐备的灭火器材，并定期检查。

案 例

## 22

## 约时停、送电

### 一、案例回放

2014年5月20日，某供电公司安全督察人员在对某供电所10千伏××线停电消缺工作现场督察时，发现了一起违章行为：

停电线路挂接有××砖厂专用变压器，在停电前一天，砖厂厂长得知该线路有停电计划后，联系该供电所所长，希望"搭车停电"，在停电期间更换砖厂进线跌落式熔断器。供电所所长考虑到两人私交甚好，私自同意增加两小时停电时间，同时约定了停、送电时间。

在停电消缺工作完成后，工作负责人已向调度汇报结束停电申请，准备执行送电指令。因未到与砖厂约定的送电时间，供电所所长

要求工作负责人拒绝执行调度送电命令，阻止现场人员送电操作，同时告知调度不要送电。

## 二、涉及条例

**1** 《安全生产典型违章100条》第17条：不落实电网运行方式安排和调度计划。

**2** 《安全生产典型违章100条》第18条：违章指挥或干预值班调度、运行人员正常操作。

**3** 《安全生产典型违章100条》第30条：约时停、送电。

**4** 《安全生产典型违章100条》第33条：不按调度命令执行现场操作。

## 三、可能造成的危害

1. 不落实电网运行方式安排和调度计划，不按调度命令执行现场操作，使调度人员对线路、设备实际运行状况失去掌控，可能造成调度人员错误判断带来优质服务事件或人身触电伤亡事故。

2. 供电所所长违章指挥，干预操作人员执行调度指令，可能造成电网、设备、人身事故。

3. 不执行停电申请手续，约时停、送电，可能造成电网、设备、人身事故。

## 四、违章原因分析

1. 供电所管理人员置安全管理规定于不顾，停送电管理随意，对违章行为的危害认识不足。

2. 供电所管理人员毫无纪律性，将人情关系凌驾于规则之上，滥用私权，不遵守调度规程，不听从调度指令，置他人于危险中。

# 五、防范措施

1. 加强停送电管理，严禁约时停、送电。

2. 操作人员应严格执行调度指令，对于违章指挥、干预调度指令执行等行为，应及时举报。

3. 加强人员安全培训，特别是关键岗位人员和"三种人"培训，不断提升作业人员安全意识。

4. 加强现场安全监督和检查，将责任制落实到现场每一个工作人员的具体工作当中去。加大反违章的力度，加强对作业现场的监督管理，以"三铁"反"三违"，强化对"三违"的处罚力度。将反习惯性违章的工作贯穿于整个安全生产工作中。

案 例
# 23
## 随意靠近带电设备

## 一、案例回放

2014年6月22日，某供电所在开展10千伏××线特殊巡视工作时，发生如下违章行为：

当天10千伏××线因雷雨发生跳闸停电，重合成功。因该条线路故障频发，供电所所长安排姚某（巡视负责人）带领李某等人立即开展巡视。姚某、李某巡视到该线路某村2号公用变压器时，发现该变压器高压引下线有风筝缠绕。李某认为风筝线绝缘，准备登上配

电室徒手扯下风筝，被姚某及时发现制止，避免了一起触电事故的发生。

## 二、涉及条例

 《安全生产典型违章100条》第50条：巡视或检修作业，工作人员或机具与带电体不能保持规定的安全距离。

② 《国家电网公司电力安全工作规程（配电部分）（试行）》第5.1.4条：大风天气巡线，应沿线路上风侧前进，以免触及断落的导线。事故巡视应始终认为线路带电，保持安全距离。夜间巡线，应沿线路外侧进行。巡线时禁止泅渡。

## 三、可能造成的危害

工作人员巡视或检修时接近带电线路设备；在不能保证安全距离的情况下可能造成触电人身伤亡。

## 四、违章原因分析

1. 巡视人员对巡视工作麻痹大意，发现问题处置随意。
2. 巡视人员自我保护意识不强，没有意识到与带电设备缩短安全距离的触电危险。

## 五、防范措施

1. 在巡视工作时应始终认为线路设备带电，即使明知线路已停电，也应认为线路设备有随时恢复送电的可能。并保证巡视或检修作业时，作业人员或机具与带电体保持足够的安全距离。

2. 提高作业人员的自我保护能力，养成自觉遵守安全工作规程的好习惯，自觉加强安全防护，保证自身安全。

3. 认真开展巡视标准化作业。规范工作人员工作流程和行为。

4. 强化安全教育和培训，提高工作人员的安全意识和安全生产水平。

违章篇

## 案例

# 24

## 在高处倚坐，凭借瓷件起吊

### 一、案例回放

　　2014年10月8日，某供电公司安全督察人员在对某供电所10千伏××线××村1号公用变压器消缺现场进行督察时，发现如下违章行为：

　　工作任务为消缺配电变压器B相绝缘套管渗油缺陷，并更换该配电变压器高压侧跌落式熔断器。安全督察人员到达现场时，发现工作班成员王某坐在该配电变压器台区屋顶边缘休息，其双腿向外悬空；

83

另一工作班成员陈某上杆拆除A相跌落式熔断器后，利用横担上的稳线瓷棒起吊备换跌落式熔断器，而此时工作负责人刘某并未对现场工作班成员的违章行为予以制止，安全督察人员立即责令现场所有人员停止消缺作业。

## 二、涉及条例

(1) 《国家电网公司电力安全工作规程》（配电部分）第17.1.10条：在屋顶及其他危险的边沿工作，临空一面应装设安全网或防护栏杆，否则，作业人员应使用安全带。

(2) 《安全生产典型违章100条》第64条：在高处平台、孔洞边缘倚坐或跨越栏杆。

(3) 《安全生产典型违章100条》第68条：凭借栏杆、脚手架、瓷件等起吊物件。

(4) 《国家电网公司电力安全工作规程（配电部分）（试行）》第3.3.12.2条：工作负责人安全职责：①正确组织工作。②检查工作票所列安全措施是否正确完备，是否符合现场实际条件，必要时予以补充完善。③工作前，对工作班成员进行工作任务、安全措施交底和危险点告知，并确认每个工作班成员都已签名。④组织执行工作票所列由其负责的安全措施。⑤监督工作班成员遵守本规程、正确使用劳动防护用品和安全工器具以及执行现场安全措施。⑥关注工作班成员身体状况和精神状态是否出现异常迹象，人员变动是否合适。

## 三、可能造成的危害

1. 作业人员在高处平台边缘倚坐休息，无安全保护。可能造成工作人员高处坠落，摔伤甚至死亡。

2. 作业人员在起吊物件时，滑车未固定在牢固的构架上，凭借瓷棒起吊物件，可能造成瓷棒受损或断裂，导致断裂瓷棒和起吊物坠落，对地面人员造成伤害。

## 四、违章原因分析

1. 工作负责人（监护人）没有严格履行负责人（监护人）职责，现场安全措施布置、检查均不到位，高空作业没有设置保护措施，即开展消缺工作。

2. 作业人员安全意识淡薄、自身保护意识欠缺，对安全生产规章制度执行不到位。在高处作业现场安全措施不满足要求的情况下，依然登高作业并在高处平台边沿倚坐休息，习惯性违章严重。

3. 作业人员在施工过程中存在抢时间、图省事的现象，违规利用不符合起吊要求的设备起吊物件，工作随意性强。

4. 工作负责人责任心不强，在作业过程中未及时制止现场工作班成员的违章行为，现场安全管理混乱。

## 五、防范措施

1. 高处作业人员应增强自我保护意识，提高自身防护能力，做好高处作业应采取的安全保护措施，正确使用安全带或采取其他可靠的安全措施，尤其不得在高处平台边沿倚坐。

2. 高处作业人员在登高前，必须认真检查梯子、脚扣、踩板等登高用具以及安全带、防护栏杆等工器具是否定期检验、合格、牢固。

3. 起吊物件时，严禁将吊钩固定在栏杆、脚手架、瓷件等不牢固的物体上，起吊作业周围应装设安全遮栏以及警示标识，防止无关人员随意通行、逗留，防止高空坠物伤害。

4. 作业前，应根据事先的现场勘察情况制定针对性的防范措施，并反映到工序工艺作业卡中。到达作业现场后工作负责人应当仔细核对工作票、工序工艺作业卡所列安全措施与现场布置是否一致，现场安全措施布置是否完善；检查工作班成员劳动防护用具佩戴、安全工器具使用是否正确。

5. 加强职工安全教育培训，强化安全生产观念，提高作业人员自我保护意识，努力做到"四不伤害"，保证人身、设备安全。

案例
**25**
# 不核对杆号、不检查杆根

## 一、案例回放

2014年11月15日，某供电公司安全督察人员在某供电所施工现场进行安全督察时，发现如下违章行为：

工作任务为10千伏××线15号杆中相瓷横担消缺，工作负责人向工作班成员布置工作任务，告知现场安全措施及危险点后，工作班成员刘某未核对线路杆号，未检查电杆基础，贸然登杆。安全督察人员发现刘某所登电杆为该线路15+1号杆，杆身有裂纹，且该杆基础已经出现严重松动，督察人员立即责令现场停止作业。

## 二、涉及条例

（1）《安全生产典型违章100条》第73条：登杆前不核对线路名称、杆号、色标。

（2）《安全生产典型违章100条》第74条：登杆前不检查基础、杆根、爬梯和拉线是否正常。

## 三、可能造成的危害

1. 登杆前不仔细核对线路名称、杆号，可能误登带电线路，造成触电人身伤亡。

2. 登杆前不仔细检查杆根、基础，在登杆过程中，可能发生倒杆、断线，导致人身伤亡。

图说农网
典型违章及事故案例

## 四、违章原因分析

1. 工作负责人在工作过程中，未对工作班成员的工作步骤进行仔细监督，没有发现并指出施工中存在的潜在危险。

2. 作业人员自我保护意识欠缺，在登杆前，未按照工作任务仔细核对线路名称、杆号，未仔细检查杆根、基础正常与否的情况下，盲目登杆作业，缺乏对作业中风险的辨识能力。

## 五、防范措施

1. 工作负责人在作业过程中，应及时发现施工过程中存在的错误和潜在危险，并及时纠正违章行为。

2. 登杆前作业人员应仔细核对线路名称、杆号，检查杆根、基础有无异常，如有疑问应及时汇报，不得盲目登杆。

3. 作业人员应提高自我保护能力，养成自觉遵守安全工作规程的好习惯，自觉加强安全防护，保证自身安全。

4. 强化安全教育和培训。特别是安全生产关键岗位人员的培训，提高工作票签发人、工作许可人、工作负责人的安全意识和安全生产水平，重点防止人身伤害事故的发生。有针对性地开展培训和考试工作，定期对"三种人"进行考试，不合格者取消"三种人"资格。

## 案例 26 在带电TA上工作未采取措施防止二次侧开路

### 一、案例回放

2014年11月15日，某供电公司某供电所在抢修作业时发生如下违章行为：

工作任务为更换10千伏××线××台区低压计量总表，工作负责人李某现场监护，作业人员刘某进行表计更换。作业人员刘某在低压带电安装计量表计时，未对电流互感器二次端进行短接，未采取有效的隔离措施，表计安装时未对带电裸露导线进行包扎。存在严重安全隐患。

### 二、涉及条例

① 《国家电网公司电力安全工作规程（配电部分）（试行）》第10.2.2条：在带电的电流互感器二次回路上工作，应采取措施防止电流互感器二次侧开路。短路电流互感器二次绕组，应使用短路片或短路线，禁止用导线缠绕。

② 《国家电网公司电力安全工作规程（配电部分）（试行）》第8.1.5条：低压电气工作时，拆开的引线、断开的线头应采取绝缘包裹等遮蔽措施。

## 三、可能造成的危害

1. 未对电流互感器二次侧进行短接，可能导致高电压产生，造成触电人身伤亡。

2. 在更换表计过程中误碰带电线路、桩头，导致触电人身伤亡。

## 四、违章原因分析

1. 工作负责人在交代工作任务时，未交代存在的危险点及控制措施，在工作过程中，未对工作人员作业流程进行监督，没有发现并指出施工中存在的潜在危险。

2. 作业人员安全意识及自我保护意识欠缺，在更换表计前未对电流互感器二次侧进行短接，缺乏对作业中风险的辨识及预控能力。

## 五、防范措施

1. 更换表计前工作业人员应将电流互感器二次侧进行短接，电压互感器采取防止短路和接地的措施。

2. 作业人员应提高自我保护能力，养成自觉遵守安全工作规程的好习惯，自觉加强安全防护，保证自身安全。

3. 工作负责人在工作前应交代工作中存在的危险点及控制措施，并编制现场化工艺工序标准卡。在作业过程中应加强监

护，及时发现施工过程中存在的错误和潜在危险，并及时纠正违章行为。

4. 强化安全教育和培训。特别是安全生产关键岗位人员的培训，提高工作票签发人、工作许可人、工作负责人的安全意识和安全生产水平，重点防止人身伤害事故的发生。有针对性地开展培训和考试工作，定期对"三种人"进行考试，不合格者取消"三种人"资格。

**案例 27**

# 低压带电工作不戴手套，绕越漏电保护器接电

## 一、案例回放

2014年9月10日，某供电所在低压抢修过程中发生如下违章行为：

当日晚22时，供电所值班人员接到辖区内用户电能表箱烧毁故障报修后，值班负责人秦某、值班人员王某前往现场进行抢修，到达现场判明客户表计及漏电保护器烧毁，随即开始带电更换电表，王某在作业过程中未戴手套，未对裸露带电导线进行包扎。表计更换后，客户家中无备用漏电保护器，且因时间太晚无法购置，抢修人员按照客户要求绕越末级保护器直接接电。

## 二、涉及条例

① 《国家电网公司电力安全工作规程（配电部分）（试行）》第8.1.1条：低压电气带电工作应戴手套、护目镜，并保持对地绝缘。

② 《国家电网公司电力安全工作规程（配电部分）（试行）》第8.1.5条：低压电气工作时，拆开的引线、断开的线头应采取绝缘包裹等遮蔽措施。

③ 《农村安全用电规程》4.3.5条：电力使用者必须安装防触电、漏电的剩余电流动作保护器，并做好运行维护工作。

## 三、可能造成的危害

1. 作业人员在低压带电作业时，未采取任何安全防护措施，未采取绝缘遮蔽措施，可能触及带电导线，造成触电事故。

2. 作业人员绕越保护器接电，用户家中低压线路失去保护，可能导致用户屋内漏电引发火灾事故或人身触电事故。

## 四、违章原因分析

1. 作业人员安全意识和自我保护意识不足，没有采取防止触电的防护措施。

2. 作业人员绕越保护器违章接电，缺乏工作责任心，未严格执行规章制度。

3. 值班负责人在交代工作任务时，未交代存在的危险点及控制措施。在工作过程中监护不到位，未采取有效防止触电的安全措施，即安排人员进行装表接电作业，没有发现并指出作业中存在的潜在危险。

## 五、防范措施

1. 低压电气带电工作应戴手套、护目镜，并保持对地绝缘。并派专人监护，监护人员不得擅自离开。

2. 提高现场作业人员的自我保护能力，养成自觉遵守安全工作规程的好习惯，自觉加强安全防护，保证自身安全。

3. 强化安全教育和培训。提高工作票签发人、工作许可人、工作负责人的安全意识和技能水平。杜绝违章指挥和管理性违章，重点防止人身伤害事故的发生。

4. 加强客户用电安全管理及安全用电宣传，在抢修及运行工作中严禁绕越末级漏电保护器接电。指导客户购置合格的末级漏电保护器，指导客户做好家用保护器的运行维护工作。发现客户未安装末级保护器应及时送达《客户用电设备漏电隐患告知书》，并留底存档。

**5.** 家用末级保护器安装应符合相关规范、标准，其额定剩余
动作电流值应小于上一级保护的动作值，但不应大于30毫
安。手持式电动器具额定剩余动作电流值为10毫安，特别
潮湿的场所为6毫安。

案 例

# 28

# 使用不当工器具立杆

## 一、案例回放

2014年12月5日，某供电所在检修工作中发现如下违章行为：

当日工作内容为组立10米电杆，工作环境为复杂山区地形。工作负责人吕某带领5名作业人员（其中4人为民工）进行立杆作业。在组立电杆过程中，吕某指挥现场人员使用木质梯子进行立杆作业。

## 二、涉及条例

① 《国家电网公司电力安全工作规程（配电部分）（试行）》第6.3.4条：顶杆及叉杆只能用于竖立8米以下的拔梢杆，不得用铁锹、木桩等代用；立杆前，应开好"马道"；作业人员应均匀分布在电杆两侧。

② 《国家电网公司电力安全工作规程（配电部分）（试行）》第3.3.12条：工作票签发人确认所派工作负责人和工作班成员适当、充足。

③ 《国家电网公司电力安全工作规程（配电部分）（试行）》第1.2条：任何人发现有违反本规程的情况，应立即制止，经纠正后方可恢复作业。作业人员有权拒绝违章指挥和强令冒险作业；在发现直接危及人身、电网和设备安全的紧急情况时，有权停止作业或者在采取可能的紧急措施后撤离作业场所，并立即报告。

## 三、可能造成的危害

1. 工器具选用不当，可能引发各类事故。

2. 用梯子竖立8米以上的电杆，可能发生倒杆事故，导致作业人员人身伤害。

3. 人员配置不合理，无法保证施工安全、有序开展。

## 四、违章原因分析

1. 工作负责人安全意识淡薄，不熟悉规程，贪图方便，违章指挥，没有认真履行安全责任。违章使用木质梯子作为立杆工器具。工作安排不合理，安排工作人员数量不能满足山区复杂地形立杆需求。

2. 工作人员安全意识淡薄，危险点辨识能力差，未能指出工作负责人的违章指挥行为，冒险蛮干，竖立10米电杆未按照规定使用抱杆等工器具。

3. 工作票签发人审核把关不严，未发现人员配置问题。

## 五、防范措施

1. 竖立8米及以上电杆应使用起重设备或抱杆立杆，不得使用顶杆或叉杆。顶杆及叉杆只能用于竖立8米以下的拔梢杆，不得使用铁锹、木桩代用。立杆前应开好"马道"，作业人员应均匀分布在电杆两侧。

2. 组立电杆前，工作负责人要向作业人员交代清楚施工方法、指挥信号和安全组织措施及技术措施、注意事项。立杆时要有专人指挥，工作人员要分工明确、密切配合、服从指挥，专职监护人员要注意力集中。

3. 工作负责人在施工作业前应组织勘察施工场所的作业条件、环境及其他影响作业的危险点，并根据施工作业任务，配备充足的施工作业人员，以确保施工作业安全、有序开展。

4. 作业人员应提高自我保护能力，养成自觉遵守安全工作规程的好习惯，自觉加强安全防护，保证自身安全。提高作业人员自保和互保意识及风险认识与防护能力。

5. 强化安全教育和培训。特别是安全生产关键岗位人员的培训，提高工作票签发人、工作许可人、工作负责人的安全意识和安全生产管理水平，重点防止人身伤害事故的发生。有针对性地开展培训和考试工作，定期对"三种人"进行考试，不合格者取消"三种人"资格。

# 案例 29

## 电缆试验未充分放电，贸然进入电缆井

## 一、案例回放

2014年5月8日，某供电公司安全督察人员在对10千伏××线3号环网柜消缺现场进行督察时，发现如下违章行为：

工作任务为更换10千伏××线3号环网柜，并对3号环网柜与4号环网柜之间的联络电缆进行耐压试验。安全督察人员到达现场时，发现工作负责人邓某结束电缆A相耐压试验后，在未对高压电缆A相进行充分放电的情况下，即让工作班成员侯某将试验引线转接至电缆B相。此时，安全督察人员立即制止了侯某转接试验引线的行为，并责令该现场所有工作人员停止作业，同时在督察过程中，督察人员还发现，该工作班成员李某在下井进行电缆检查前，未按要求对电缆井进行通风排气和气体检测，更换后的环网柜电缆孔洞防火封堵不严。

## 二、涉及条例

① 《国家电网公司电力安全工作规程（配电部分）（试行）》第3.3.12.2条：工作负责人安全职责：① 正确组织工作。② 检查工作票所列安全措施是否正确完备，是否符合现场实际条件，必要时予以补充完善。③ 工作前，对工作班成员进行工作任务、安全措施交底和危险点告知，并确认每个工作班成员都已签名。④ 组织执行工作票所列由其负责的安全措施。⑤ 监督工作班成员遵守

本规程、正确使用劳动防护用品和安全工器具以及执行现场安全措施。⑥关注工作班成员身体状况和精神状态是否出现异常迹象，人员变动是否合适。

②《国家电网公司电力安全工作规程（配电部分）（试行）》第11.2.7条：变更接线或试验结束，应断开试验电源，并将升压设备的高压部分放电、短路接地。

③《国家电网公司电力安全工作规程（配电部分）（试行）》第12.3.3条：电缆试验过程中需要更换试验引线时，作业人员应戴好绝缘手套对被试电缆充分放电。

④《国家电网公司电力安全工作规程（配电部分）（试行）》第12.2.2条：进入电缆井、电缆隧道前，应先用吹风机排除浊气，再用气体检测仪检查井内或隧道内易燃易爆及有毒气体的含量是否超标，并做好记录。

⑤《国家电网公司电力安全工作规程（配电部分）（试行）》第2.3.10条：电缆孔洞，应用防火材料严密封堵。

## 三、可能造成的危害

1. 试验人员在变更试验引接线时，未对被试电缆进行充分放电，可能导致电缆对试验人员或其他作业人员放电。

2. 作业人员进入长期未开启的电缆井内进行工作，下井前未对电缆井进行通风排气和气体检测，可能导致人员下井后

缺氧窒息或被井内有毒气体伤害，甚至可能因静电或随身携带的弱电设备引起井内易燃易爆气体燃烧爆炸，造成人身伤亡事故。

3. 作业人员未按规定，对环网柜电缆孔洞和底座采取严密的防火封堵措施，可能造成小动物进入运行中的电气设备，引起设备短路等故障，严重情况下，引发电缆头、开关设备爆炸。

## 四、违章原因分析

1. 工作负责人（监护人）没有严格履行负责人（监护人）职责，未能正确安全的组织工作，在作业现场违章指挥，高压试验后在未对被试设备进行充分放电的情况下，即让其工作班成员转接试验引线。同时，工作负责人责任心不强，不仅监护不到位，现场出现多处违章行为，也未及时制止现场工作班成员的违章行为，导致现场安全管理混乱。

2. 作业人员安全意识淡薄，自身安全保护意识严重不足，未拒绝违章指挥，下井前未对电缆井进行通风排气和气体检测。

3. 工作负责人及工作班成员设备保护观念欠缺，对新安装的环网柜电缆孔洞未采取严密的防火封堵措施。

4. 日常安全教育、培训力度欠缺，导致作业人员安全生产观念缺失，对安全生产规程以及规章制度掌握不够。

# 五、防范措施

1. 高压试验需要更换试验引线时，作业人员必须戴好绝缘手套对被试电缆充分放电。试验结束后，应断开试验电源，并将升压设备的高压部分放电、短路接地。

2. 作业人员进入长期未开启的电缆井或电缆隧道前，应先打开井盖或者电缆沟盖板进行通风，或用吹风机排除井内及隧道内浊气，再用气体检测仪检查井内或隧道内易燃易爆及有毒气体的含量是否超标，并做好记录，必要时还应佩戴防毒面具或做其他安全措施后，方可进入电缆井或电缆隧道内作业。

3. 试验开始前，试验人员应确认周围环境是否具备试验条件、天气情况是否满足试验要求。高压试验前后，试验人员之间应当相互呼应，告知其他人员试验危险点，并确认所有安全措施布置到位，并随时警戒异常现象。

4. 箱式变电站、环网柜、分支箱等配电设备内部的电缆孔洞，应用防火材料进行严密封堵，防止小碎杂物以及小动物进入运行中的电气设备，引起设备故障。

5. 从事高压电气设备的试验人员，应取得高压电气设备试验从业资格，在开展高压设备试验作业时，应严格遵守《国家电网公司电力安全工作规程（配电部分）（试行）》关于高压试验的相关要求。

6. 工作负责人应加强责任心，正确、安全、全面的组织好现场

工作，检查现场安全措施是否正确完备，监督工作班成员作业行为，及时制止违章。

7. 加强安全教育及职业技能培训，提高一线员工的安全意识和技能素质，提高其危险点分析和预控能力，保障现场作业的人身及设备安全。

# 案例 30

## 电气测量操作不规范，试验设备不符合要求

### 一、案例回放

2014年3月12日，某供电公司某供电所在进行变压器绝缘电阻测试时，发生一起人身电击伤害事故。

该供电所按照设备预试要求，开展辖区内变压器绝缘电阻测试工作，下午15时工作负责人袁某和工作班成员李某到达旺江村3号配电变压器台区。工作班成员李某登上配电房，未戴绝缘手套，手拿已连接绝缘电阻表的裸铜试验引线，准备短接变压器高压侧桩头，此时，站在地面的工作负责人袁某在未核对准备工作是否到位的情况下，擅自转动手摇绝缘电阻表，李某被电击击晕，随即倒地，后经袁某及当地百姓及时送医，方才苏醒。

### 二、涉及条例

① 《国家电网公司电力安全工作规程（配电部分）（试行）》第11.2.6条：在加压过程中应有人监护并呼唱，试验人员应随时警戒异常现象发生，操作人员应站在绝缘垫上。

② 《国家电网公司电力安全工作规程（配电部分）（试行）》第11.3.2.2条：测量用的导线应使用相应电压等级的绝缘导线，其端部应有绝缘套。

## 三、可能造成的危害

1. 试验人员在进行高压电气试验或测量时未相互呼唱，同时未相互核实是否做好试验的相关安全准备工作和安全措施，造成试验时人身电击伤害。

2. 进行绝缘电阻测试作业，未按照相关规定和要求，使用相应电压等级的绝缘试验引线，同时试验人员也未按照安全工作规程，戴绝缘手套，可能造成试验过程中人身电击伤害。

## 四、违章原因分析

1. 作业人员安全意识淡薄，工作负责人责任心不强，未按照"四不伤害"原则组织开展绝缘电阻测试工作。工作负责人安全意识淡薄，责任心不强，未严格执行安全规章制度，在未核对准备工作是否到位的情况下，擅自转动手摇绝缘电阻表开展绝缘电阻测试工作。

2. 现场工作班成员安全思想麻痹大意，自身安全保护意识严重不足，在进行绝缘电阻测试时，未按照规定戴绝缘手套。

3. 现场测试人员，严重违反《国家电网公司电力安全工作规程（配电部分）（试行）》要求，试验引线为裸铜线且端部无绝缘套，在试验设备不符合要求的情况下，依然进行测试工作。

## 五、防范措施

1. 高压试验前后，试验人员之间应当相互呼应，工作负责人应告知其他现场工作人员试验危险点，并确认所有人员安全措施布置到位，试验人员应随时警戒异常现象发生。

2. 在进行配电台区、线路、避雷器等绝缘电阻、地阻测试时，应按照电气试验规程要求，正确佩戴绝缘手套。

3. 在进行配电台区、线路、避雷器等绝缘电阻、地阻测试前，应仔细检查试验设备、仪器仪表是否合格并符合相关要求，严禁携带存在故障、配置不齐备的试验设备或仪器仪表进行试验、测试工作。

4. 试验开始前，试验人员应确认周围环境是否具备试验条件、天气情况是否满足试验要求。

## 案例 31 单人登杆抢修

### 一、案例回放

2015年1月7日，某供电所运检人员在对线路进行故障巡视时，发生如下违章行为：

当日8时30分，供电所值班人员接客户报修电话，称其所在村全村停电。随后供电所安排抢修人员刘某、王某（工作负责人）前往巡视检查（未办理任何手续且未告知供电所管理人员）。到达该村后抢修人员检查配电室，发现剩余电流动作保护器动作，此后两人分头对低压线路进行故障巡视。9时30分，刘某巡视到台区低压线路45~46号杆之间时，发现线路旁边一超高树木的枝桠断裂后横搭在裸导线上，造成相间短路故障。刘某立即电话告知王某发现的故障情况，让其立即前来协助。在等待了十多分钟仍不见王某人影后，刘某便独自登杆进行处理，且未采取任何防触电的安全措施。

### 二、涉及条例

① 《国家电网公司电力安全工作规程》（配电部分）第5.1.8条：单人巡视，禁止攀登杆塔和配电变压器台架。

② 《国家电网公司电力安全工作规程》（配电部分）第5.1.4条：大风天气巡线，应沿线路上风侧前进，以免触及断落的导线。事

故巡视应始终认为线路带电，保持安全距离。夜间巡线，应沿线路外侧进行。巡线时禁止泅渡。

(3) 《国家电网公司电力安全工作规程》（配电部分）第8.1.9条：所有未接地或未采取绝缘遮蔽、断开点加锁挂牌等可靠措施隔绝电源的低压线路和设备都应视为带电。未经验明确无电压，禁止触碰导体的裸露部分。

(4) 《国家电网公司电力安全工作规程》（配电部分）第3.3.6条：填用配电故障紧急抢修单的工作：配电线路、设备故障紧急处理应填用工作票或配电故障紧急抢修单。配电线路、设备故障紧急处理，系指配电线路、设备发生故障被迫紧急停止运行，需短时间恢复供电或排除故障的、连续进行的故障修复工作。非连续进行的故障修复工作，应使用工作票。

## 三、可能造成的危害

1. 作业人员独自登杆，无人监护，可能发生高空坠落，导致人身伤亡事故。

2. 作业人员未采取任何防触电的安全措施，即登杆处理故障，若突然来电可能导致触电伤害事故。

## 四、违章原因分析

1. 员工安全意识淡薄，自我保护意识差，未严格执行安规中运行维护中巡视要求、低压工作要求等条款不熟悉，在无人监护的情况下独自登杆处理故障。

2. 日常巡视管理不到位，对线路通道障碍、超高树木未及时清砍。

3. 巡视人员未对巡视的故障线路视为带电线路，发现故障后未采取相应安全措施和未得到许可擅自登杆作业。

4. 未严格执行事故抢修流程。

## 五、防范措施

1. 事故巡视应始终认为线路带电，保持安全距离，单人巡视时严禁攀登杆塔和配电变压器台架。

2. 加强人员培训，作业人员应牢靠掌握《国家电网公司电力安全工作规程》（配电部分）相关知识并严格贯彻执行，加强巡视、故障紧急抢修现场作业管理，严格落实"两票"管理规定。

3. 严格执行工作监护制度。工作负责人必须始终留在工作现场，对工作班成员的工作进行认真监护，对于有触电危险，容易发生事故的工作应确定专责监护人并确定被监护人员，及时纠正不安全的行为。

4. 狠抓一线员工的安全意识教育，树立"安全第一"的生产方针，提高员工的安全意识和自我保护意识，切实贯彻"四不伤害"的原则。严格执行保证安全的技术措施、运行维护、低压工作相关要求。

5. 加强工器具管理，工器具必须由专用工器具房进行存放，禁止个人保管安全及生产工器具。

# 案例 32

## 鱼塘未设置警示标识

### 一、案例回放

2014年11月1日上午，某乡2社村民赵某在本村李某承包的鱼塘钓鱼，其所在钓鱼位置在某供电所管辖的10千伏××线45号杆附近（45~46号杆跨鱼塘）。9时10分赵某在拉鱼竿（鱼竿全长8.5米）时未注意到上方高压线路，导致鱼竿碰触上方高压带电线路边导线（线路对地距离为7米），立即触电倒地。9时15分，鱼塘主李某发现失去意识倒地的赵某后立即将其送医院抢救，由于抢救及时，赵某保住了生命，但左手永久性功能障碍。事后赵某叙述当时在现场未看见任何安全警示标志，同时运行单位也确认当时跨鱼塘线路两端未设置"禁止在电力线下钓鱼"的警示标志（桩），也未与鱼塘主签订安全责任书。

### 二、涉及条例

① DL493—2001《农村安全用电规程》第5.16条：演戏、放电影、钓鱼和集会等活动要远离架空电力线路和其他带电设备，防止触电伤人。

② 《安全生产典型违章100条》第90条：电气设备无安全警示标志或未根据有关规程设置固定遮（围）栏。

## 三、违章原因分析

1. 未按照公司管理规定对应装设警示标志的设备、线路杆塔装设（悬挂）警示标志（桩）。

2. 日常巡视检查不到位，未及时掌握鱼塘等高危区域缺失警示标示。

3. 电力设施保护和安全宣传工作开展不到位。

4. 未定期对所涉及跨鱼塘线路开展巡视检查，同时未与鱼塘承包方签订安全责任书，也未告知其安全风险和安全隐患。

## 四、防范措施

1. 加强巡视检查，及时完善安全警示标示。加强高低压线路附近水库、鱼塘周边警示标志的巡查和维护，清理标示牌周围的杂物，对破损标志进行更换，确保水库、鱼塘安全警示标志安装率和完好率为100%。

2. 多措并举加大宣传力度，有针对性的对垂钓爱好者进行安全警示宣传，可走进辖区内各大渔具用品店，发放垂钓触电案例等安全宣传资料，避免事故发生。

3. 定期与辖区内鱼塘承包方签订安全协议，明确安全责任。注重各类佐证资料的收集整理，采取邮寄、摄像等方式记录已尽到告知及警示义务，并及时存档、报送当地安办备案。

4. 加大绝缘化改造力度，提高线路绝缘化率，将场镇、人口密集区域、可能发生触电伤害的局部线路进行绝缘化改造。

**案例**
# 33
## 未采取安全措施野蛮砍树

## 一、案例回放

2014年4月7日，某供电所在开展10千伏××线通道树竹带电砍伐工作时，安全督察人员对现场进行安全检查，发生如下违章行为：

小组工作负责人李某持任务单，带领7名作业人员对带电的10千伏××线进行线路通道清理，工作班成员刘某和科某负责对该线路9号杆处一超高柏树（高出导线近1米）进行砍伐，线路边导线距柏树的水平距离仅0.3米，砍伐过程中科某手扶树木，没有采取任何措施防止树木倒向导线，同时刘某不熟悉油锯的操作方法，油锯数次熄火。

## 二、涉及条例

① 《国家电网公司电力安全工作规程（配电部分）（试行）》第5.3.2条：砍剪靠近带电线路的树木，工作负责人应在工作开始前，向全体作业人员说明电力线路有电；人员、树木、绳索应与导线保持规定的安全距离。（10千伏及以下线路安全距离为1.0米）

② 《国家电网公司电力安全工作规程（配电部分）（试行）》第5.3.4条：为防止树木（树枝）倒落在线路上，应使用绝缘绳索将其拉向与线路相反的方向，绳索应有足够的长度和强度，以免拉绳的人员被倒落的树木砸伤。

③ 《国家电网公司电力安全工作规程（配电部分）（试行）》第5.3.9条：使用油锯和电锯的作业，应由熟悉机械性能和操作方法的人员操作。使用时，应先检查所能锯到的范围内有无铁钉等金属物件，以防金属物体飞出伤人。

## 三、可能造成的危害

1. 树木距离带电导线仅0.3米且高出导线1米，砍伐过程中树木摇晃可能接触带电导线，导致触电事故。

2. 作业人员未采取措施防止树木倒向线路，砍倒的树木可能倒向带电导线，导致线路跳闸或人员触电事故。缺必要的安全措施和防护，树木倾倒时可能砸伤作业人员。

3. 油锯使用人员不熟悉其操作方法，可能导致在使用油锯过程中误伤他人或损坏器具。

## 四、违章原因分析

1. 线路巡视不到位，没有及时处理树木障碍，导致隐患存在。

2. 作业人员野蛮作业，安全意识淡薄，没有发现作业中的危险源。一是在无法保证安全距离的情况下应停电砍伐，二是没有采取任何措施防止树木倒向导线。

3. 技术培训不到位。班组没有对油锯等工器具进行操作方法培训，导致作业人员不熟悉工器具性能。

## 五、防范措施

1. 砍伐树木时应使用绝缘绳索将其拉向与线路相反的方向，人员、树木、绳索应与10千伏导线保持1.0米及以上的安全距离，砍伐树木时不得攀爬上枯枝。

2. 加强线路巡视工作，及时清除树竹障碍。按照配电网运行规程，10千伏裸导线与行道树的最小垂直距离为1.5米，最小水平距离为2.0米；与果树、经济作物、城市绿化、灌木的最小垂直距离为1.5米。

3. 根据现场工作制定防范措施。针对现场勘察中发现的危险点，制定相应的防范措施，防止事故的发生。

4. 加强技能培训。针对专用工器具，重点指导作业人员熟悉其性能及操作方法，并由专人使用。

5. 加强安全教育培训，提高作业人员的安全意识和安全防范能力，增强现场作业人员的自我保护意识。

案例

# 34

## 负责人擅离现场，谎报工作终结

### 一、案例回放

2013年11月27日，某供电所办理停电后对10千伏××线路进行消缺作业，现场发生如下违章行为：

工作内容为更换该线路27号杆及28号杆金具、绝缘子，并调整该档导线弧垂，工作时间为7时30分至18时30分，工作负责人高某带领4名作业人员施工。在26号杆及29号杆挂设接地线后，两名人员登杆作业，余下两人分别负责地面选配材料及现场监护。

下午13时完成27号杆作业后，作业人员转移至28号杆。17时35分，工作负责人高某因家中有事离开现场。随后地面配料人员应杆上人员的要求、在未告知工作负责人的情况下，拆除了26号杆小号侧接地线。

18时20分，工作负责人高某正在回家途中，因计划的工作终结时间临近，担心延迟送电受考核，电话联系变电站值班员，请求其在恢复送电前提前告知。18时29分，眼见工作结束时间将至，工作负责人高某在未核实现场的情况下，向工作许可人（县公司调控值班员）电话报告了工作终结。6分钟后，工作许可人向变电站值班员下达了送电倒闸操作命令。所幸送电时人员已全部下杆，未引发事故。

## 二、涉及条例

① 《国家电网公司电力安全工作规程（配电部分）（试行）》第3.5.5条：工作期间，工作负责人若需暂时离开工作现场，应指定能胜任的人员临时代替，离开前应将工作现场交代清楚，并告知全体工作班成员。原工作负责人返回工作现场时，也应履行同样的交接手续。

② 《国家电网公司电力安全工作规程（配电部分）（试行）》第4.4.6条：禁止作业人员擅自变更工作票中指定的接地线位置，若需变更应由工作负责人征得工作票签发人或工作许可人同意，并在工作票上注明变更情况。

③ 《国家电网公司电力安全工作规程（配电部分）（试行）》第3.7.1条：工作完工后，应清扫整理现场，工作负责人（包括小组负责人）应检查工作地段的状况，确认工作的配电设备和配电线路的杆塔、导线、绝缘子及其他辅助设备上没有遗留个人保安线和其他工具、材料，查明全部工作人员确由线路、设备上撤离后，再命令拆除由工作班自行装设的接地线等安全措施。接地线拆除后，任何人不得再登杆工作或在设备上工作。

④ 《国家电网公司电力安全工作规程（配电部分）（试行）》第3.7.5条：工作终结报告应简明扼要，主要包括下列内容：工作负责人姓名，某线路（设备）上某处（说明起止杆塔号、分支线名称、位置称号、设备双重名称等）工作已经完工，所修项目、试验结果、设备改动情况和存在问题等，工作班自行装设的接地线已全部拆除，线路（设备）上已无本班组工作人员和遗留物。

⑤《国家电网公司电力安全工作规程》（配电部分）第3.3.12.4 条：专责监护人监督被监护人员遵守本规程和执行现场安全措施，及时纠正被监护人员的不安全行为。

## 三、可能造成的危害

1. 工作负责人擅自离开工作现场，且未履行相关手续，不能及时发现并纠正现场不安全行为，可能导致各类事故发生。

2. 作业人员在工作结束之前撤除接地线，也未报告工作负责人，现场专责监护人也未制止其违章行为，可能导致人身触电事故。

3. 工作负责人在未核实现场的情况下报告工作终结，可能导致人身触电事故及设备事故。

## 四、违章原因分析

1. 工作负责人擅离职守，管理性违章严重，未认真履行现场安全管理职责，未严格执行安全工作规程中的工作终结制度，未核实现场实际情况就汇报工作结束，工作态度随意散漫，责任心缺失。

2. 作业人员安全意识淡薄，对危险点辨识与控制能力不强，缺乏自保、互保能力，未养成良好的作业习惯，不遵守现场作业的安全规定，擅自撤除接地线。

3. 专责监护人未认真履行监护职责，没有制止作业人员的不安全行为。

## 五、防范措施

1. 作业期间工作负责人及专责监护人应始终在工作现场，若需暂时离开必须履行交接及告知手续。工作负责人在工作完工后，应查明全部工作人员确由线路、设备上撤离后，再命令拆除由工作班自行装设的接地线等安全措施，接地线拆除后，方可报告工作终结。作业人员不得擅自改变已设置的接地线等安全措施，专责监护人应严格落实安全责任，及时纠正被监护人员的不安全行为，不得兼做其他工作。

2. 强化农电安全管理责任落实，加强对农电安全事故的预防和安全风险的控制，特别是对人员伤亡事故的防范。严格执行"月计划、周安排、日管控"制度，加强农电小型、零星、分散作业现场的安全管控。

3. 加强员工安全教育培训。牢固树立"安全培训不到位就是重大安全隐患"工作理念，把农电员工"保命"意识教育放在首要位置，真正把"四不伤害"的意识、安全制度、规定和要求固化于心、外化于行。

4. 严格执行安全规章制度。各级领导和管理人员要把安全放在一切工作之首，严格执行上级和公司的各项安全生产规章制度，务必做到执行不打折扣、落实不搞变通，坚决杜绝"自由行动"，切实做到"公转"不"自转"，执行不走样。

5. 切实抓好作业现场安全管理。严格落实《安规》要求，严格执行班前会、班后会制度，严禁无票作业、严禁跳项操作，严禁擅自扩大工作范围、严禁擅自变更安全措施，严禁约时停送电，严禁工作负责人、专责监护人擅自离开工作现场，严格执行到岗到位要求，严厉查处各类违章行为。

案例

# 35

## 人货混装，车辆超载

## 一、案例回放

2014年10月20日，某供电公司安全巡查人员在公路上偶遇某黄色涂装"95598"工程皮卡车，发现该车辆人货混装，工程车货箱内有4名人员（3名民工及1名社会人员），且货物超高超长。

经查，该工程车为某供电所生产用车，驾驶员为李某，具备兼职驾驶员资格。当日李某作为工作负责人负责10千伏××线消缺，工作班成员为2名供电所人员及5名民工，携带有竹梯子、绞磨、钢丝绳、绝缘操作杆、气瓶等工器具。由于该供电所仅配置了一辆工程车，为了节约时间，避免车辆往返运输，工作负责人指挥4名人员乘坐车内，3名民工乘坐货箱。竹梯子较长绑在车顶，其中2名民工蹲在梯子下方，另1名民工及1名社会人员、部分工器具在货箱后部。社会人员为供电所员工亲戚，在路途中偶遇要求搭顺风车，李某应允。

## 二、涉及条例

① 《国家电网公司电力安全工作规程（配电部分）（试行）》第16.3.2条：装运电杆、变压器和线盘应绑扎牢固，并用绳索绞紧。水泥杆、线盘的周围应塞牢，防止滚动、移动伤人。运载超长、超高或重大物件时，物件重心应与车厢承重中心基本一致，超长物件尾部应设标志。禁止客货混装。

② 《中华人民共和国道路交通安全法》第四十九条：机动车载人不得超过核定的人数，客运机动车不得违反规定载货。

③ 《中华人民共和国道路交通安全法》第五十条：禁止货运机动车载客。货运机动车需要附载作业人员的，应当设置保护作业人员的安全措施。

## 三、可能造成的危害

1. 由于超载超员，导致车辆超出其载重量，会增加行车过程中的不稳定性。

2. 车辆在超员状态下，车辆惯性加大、制动距离加长，危险性也相应增大。

3. 车辆在超重情况下极易因轮胎负荷过重、变形过大引发爆胎，引起车辆突然偏驶、制动失灵、转向失控等，导致交通事故的发生。

4. 客货混载时，车辆急刹和急转弯时，货物由于惯性易挤压乘车人员，造成人员伤亡。

5. 驾驶员驾驶超限超载的车辆，往往会增加心理负担和思想压力，容易出现操作错误，影响行车安全，造成交通事故。

## 四、违章原因分析

1. 车辆驾驶人员未严格执行道路交通安全法律法规，存在侥幸心理。

2. 工作负责人违章指挥，为了节约时间，指挥客货混载。

3. 驾驶人员经常发生习惯性违章，基层班组车辆安全行驾培训教育工作不到位。

4. 乘车人员自身安全意识不强，存在侥幸心理。

## 五、防范措施

1. 严禁人货混装、超载超员。

2. 加强道路交通安全教育培训，增强驾驶人员和作业人员的安全意识。

3. 合理配置及调度车辆。

4. 严查人货混装、超载超员违章行为，建立日常监督管控机制。对巡查中发现的违章行为做到立即整改，严格考核责任者。

# 事故篇

事故案例

# 01

## 低压作业未与同杆高压线路保持安全距离

### 一、案例回放

　　2011年12月7日8时30分，某供电所在对400伏东石线（与带电的10千伏青石一线同杆架设）4~5号杆之间线路进行停电抢修时，需将5号杆上的低压耐张引流线解开，现场负责人刘某监护，工作班成员李某上杆工作。李某从低压线间攀登上低压横担，当工作到右边相时，低压横担发生倾斜，李某失去平衡右手舞动误抓同杆架设的10千伏青石一线，立即触电。随后将伤者送医院抢救，医院对李某施行了右上肢肱骨中段截肢、右下肢股骨下段截肢手术，才保住生命。

## 二、涉及条例及暴露的主要问题

**1** 《国家电网公司电力安全工作规程（配电部分）（试行）》第6.7.4条：在同杆（塔）架设的10（20）千伏及以下线路带电情况下，当满足规定的安全距离且采取可靠防止人身安全措施的情况下，方可进行下层线路的登杆停电检修作业。（10千伏及以下电压等级安全距离为1.0米）

**2** 《安全生产典型违章100条》第40条：开工前，工作负责人未向全体工作班成员宣读工作票，不明确工作范围和带电部位，安全措施不交代或交代不清，近电作业未设专责监护人员，盲目开工。当工作人员爬上低压横担工作时，就不能与低压线路同杆架设的10千伏线路保持1.0米的安全距离，监护人未及时制止。

**3** 员工安全意识淡薄，自我保护意识差，安全教育不够，培训工作未落到实处，特别是对安规中邻近或交叉其他高压电力线路工作的安全距离等条款不熟悉。

## 三、应吸取的教训

1. 工作负责人必须严格执行停电申请所列的"停电范围"，严格执行工作票上所列的安全措施，不得擅自减少或变更安全措施。在10千伏带电杆塔上工作时，工作人员对带电线路应保持至少1.0米的安全距离。

2. 工作负责人必须始终留在工作现场，对工作班成员的工作进行认真监护，及时纠正不安全的行为。

3. 对于有触电危险，容易发生事故的工作应确定专责监护人并确定被监护的人员。

## 四、防范措施

1. 加强检修现场作业管理，严格落实"两票"管理规定。

2. 加强人员培训，特别是《电力安全工作规程（配电部分）》，要求工作负责人必须严格执行工作票上所列的安全措施，不得擅自减少或变更安全措施。

3. 对于10千伏及以下高低压线路同杆架设的线路，低压线路停电工作时不能爬上低压线路横担。

4. 严格执行工作监护制度。工作负责人必须始终留在工作现场，对工作班成员的工作进行认真监护，对于有触电危险，容易发生事故的工作应确定专责监护人并确定被监护人员。

5. 加强对一线员工的自我保护意识培训，对于安全距离不够的作业应要求增加安全措施，或者停止作业。

6. 认真做好现场查勘，提前掌握检修作业需要停电的范围、保留的带电部位、装设接地线的位置、邻近线路、交叉跨越、多电源、自备电源、地下管线设施和作业现场的条件、环境以及其他影响作业的危险点等，提出针对性的安全措施和注意事项。

事故案例

02

## 现场勘察不认真、未断开所有可能来电的电源

### 一、案例回放

  1996年9月9日，某供电公司按照当月工作计划，安排线路检修班对10千伏德城路进行改造，更换6～15号杆导线、金具。10千伏德城路与10千伏德水一路在5～15号是同杆架设，10千伏德水一路16～17号杆是尾端杆。任务是先将10千伏德水一路5～15号杆和10千伏德城路6～14号杆直线开断改断联，故需两条线路同时停电，工作班中午12点工作完后，发现改造后的10千伏德水一路导线对尾端

16号杆顶距离不够，需加装一组瓷横担顶起来。10千伏德水一路16号杆上有一柱上油断路器，经电缆联结运行中的10千伏德镇路，工作时，该断路器是断开的，但对侧和本侧隔离开关未断开。下午15时30分，工作班到现场，班长安排杨某上杆处理，杨某上杆时侥幸穿过水平排列的三相隔离开关和电缆引线空隙上杆工作，作业完后下杆触及带电电缆引线触电，经抢救无效死亡。

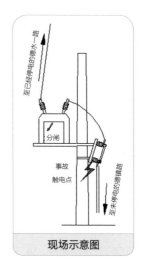

现场示意图

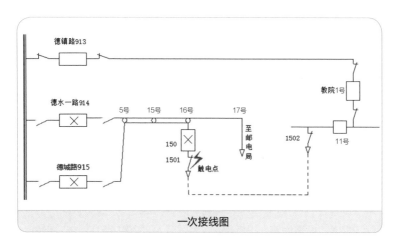

一次接线图

## 二、涉及条例及暴露的主要问题

① 《安全生产典型违章100条》第16条：未按要求进行现场勘察或勘察不认真、无勘察记录。

② 《安全生产典型违章100条》第40条：开工前，工作负责人未向全体工作班成员宣读工作票，不明确工作范围和带电部位，安全措施不交代或交代不清，近电作业未设专责监护人员，盲目开工。

③ 《安全生产典型违章100条》第42条：作业人员擅自扩大工作范围、工作内容或擅自改变已设置的安全措施。

④ 《国家电网公司电力安全工作规程（配电部分）（试行）》第3.2.3条：现场勘察应查看检修（施工）作业需要停电的范围、保留的带电部位、装设接地线的位置、邻近线路、交叉跨越、多电源、自备电源、地下管线设施和作业现场的条件、环境及其他影响作业的危险点，并提出针对性的安全措施和注意事项。工作负责人未在作业前对现场停电范围、保留带电部位及危险点进行全面查勘，制定的施工方案和安全技术措施不具体。

⑤ 现场工作负责人未严格按照《国家电网公司电力安全工作规程（配电部分）（试行）》第4.1条的要求进行停电、验电、装设接地线。工作地段与带电设备之间也未留出明显的断点，即派人开始工作。

⑥ 《国家电网公司电力安全工作规程（配电部分）（试行）》第4.2.2条：检修线路、设备停电，应把工作地段内所有可能来电的电源全部断开。

⑦ 作业人员自我保护意识不强，在作业前不检查安全措施，对检修过程中可能触及的设备未停电并接地未提出任何异议，盲目登杆工作。

138

## 三、应吸取的教训

1. 线路停电作业一定要认真进行现场勘察，查看作业停电范围、保留带电部位，认真分析危险点及应采取的相应措施。

2. 线路工作应断开工作地段各端的断路器、隔离开关、熔断器，确保检修设备与带电设备有明显的断开点，并验电、装设接地线后方可工作。

3. 工作人员应有强烈的自我保护意识，针对复杂的网络，每位登杆人员均应带验电笔，接触设备前先验电，确认安全后再继续登杆或开始工作。

## 四、防范措施

1. 组织人员对配网线路进行全面清理，复核并完善网络结构图，确保图物相符。

2. 进行安全生产形势教育，开展业务技能培训和"三不伤害"教育，提高员工自我保护意识和现场业务技能。

3. 加强对作业现场的安全检查，纠正违章行为，并大力开展对违章行为的查处。

4. 进行工作票及相关知识培训，管理人员深入现场，对工作票、标准化作业指导书的执行等进行指导，对工作票的填写及执行进行严格地考核，杜绝现场踏勘走过场。

事故案例

**03**

# 不办理工作票，携带器材登杆

## 一、案例回放

2014年2月26日，某供电所计划在10千伏普达线14～15号杆之间新增一台配电变压器，由带电班进行排架焊接工作。作业班组未办理工作票，现场工作负责人陈某向全体工作人员口头交代工作任务和注意安全事项，并进行了分工，指定工作班成员胡某上杆搭接电焊机电源。

7时40分，工作班另一成员李某系好安全带、左手提握两根电焊

机电源线准备登杆,陈某发现后没提反对意见。当李某登到离地面6.8米高度时(距低压线2米左右),停止登杆,系了安全带准备用绝缘杆搭电源。由于安全带脱扣李某失去保护,从6.8米处坠落,立即将其送至医院,因伤势过重,抢救无效死亡。

## 二、涉及条例及暴露的主要问题

① 《国家电网公司电力安全工作规程(配电部分)(试行)》第6.2.2条:杆塔作业应禁止以下行为:(2)携带器材登杆或在杆塔上移位。

② 《国家电网公司电力安全工作规程(配电部分)(试行)》第17.1.5条:高处作业应使用工具袋。上下传递材料、工器具应使用绳索;邻近带电线路作业的,应使用绝缘绳索传递,较大的工具应用绳拴在牢固的构件上。

③ 《安全生产典型违章100条》第19条:安排或默许无票作业、无票操作。

④ 《安全生产典型违章100条》第28条:不按规定使用工作票进行工作。

⑤ 《安全生产典型违章100条》第40条:开工前,工作负责人未向全体工作班成员宣读工作票,不明确工作范围和带电部位,安全措施不交代或交代不清,近电作业未设专责监护人员,盲目开工。

## 三、应吸取的教训

1. 工作班组在没有办理工作票情况下组织施工。

2. 作业现场职责不明确，未按人员分工开展工作。

3. 员工自我保护意识差，登杆过程中直接把器材带上去，到达作业点未拴好安全带并确认锁扣已锁好即开始工作。

4. 未按有关规定在开工前进行全面交底，盲目开工，对班组无票作业、习惯性违章未制止，失去监控。

## 四、防范措施

1. 在电气设备和电力线路上工作严格执行保护安全的组织措施和技术措施，并严格执行监护制度。

2. 进行安全思想教育，杜绝无监护登杆、带器材登杆等违章行为。

3. 加强作业现场的安全督察。

4. 严格按照周期试验工器具。

5. 作业前应认真检查安全及生产工器具，安全带系好后应仔细检查扣环是否扣牢。

## 事故案例 04

## 放紧线未采取措施防止导线跳动

### 一、案例回放

8月14日9时左右,某供电所负责石桥村5社农网升级改造,在实施220伏低压线路紧线过程中,低压线路弹跳到与之交叉跨越且带电的10千伏龙柴路C相上,致使正在拉线的8名民工触电,造成6人死亡,2人受重伤。

### 二、涉及条例及暴露的主要问题

① 现场查勘不到位,对交叉跨越临近带电线路的危险点,分析不到位。违反了《国家电网公司电力安全工作规程(配电部分)(试行)》第4.2.1.4条:工作地点,应停电的线路和设备:危及线路停电作业安全,且不能采取相应安全措施的交叉跨越、平行或同杆(塔)架设线路。在220伏低压线路与10千伏线路跨越作业时安全距离不够时,没有采取停电措施。

② 对交叉跨越临近带电线路,没有采取针对性措施,违反了《国家电网公司电力安全工作规程(配电部分)(试行)》第6.6.5条:在带电线路下方进行交叉跨越档内松紧、降低或架设导线的检修及施工,应采取防止导线跳动或过牵引与带电线路接近至规定的安全距离的措施。班组在放线工作时,没有采取防止导线跳动的措施。

## 三、应吸取的教训

1. 在线路工作时，除了该线路本身需要停电外，另外对于危及该线路停电作业，且不能采取相应安全措施的交叉跨越、平行和同杆架设线路也应停电。

2. 在交叉档内松紧、降低或架设导、地线的工作，必须要采取防止导、地线产生跳动或过牵引而与带电导线接近最小安全距离的措施。

3. 在交叉跨越施放工作点，应设专责监护人督促现场导线防跳安全措施的落实。

146

## 四、防范措施

1. 停电施工时必须要按规定执行工作票制度，严格执行停电、验电和挂接地线的措施。对于危及该线路停电作业，且不能采取相应安全措施的交叉跨越、平行和同杆架设线路必须要停电。

2. 加强对临时工安全意识的培训力度，要求临时工必须经过《安规》的学习、培训，并经考试合格，方可参加工作，并为其配置相应的劳动保护用品。

3. 放、撤导线时应有专人监护，注意与高压导线的安全距离，并采取措施防止与带电线路接触。

事故案例
**05**
## 无人监护独自登杆

## 一、案例回放

2014年7月6日,某供电所根据停电计划,撤除10千伏海福线尚南支线1号杆至海福线主线10号杆的导线,并在尚南支线5号杆位置与同杆架设的10千伏海东线(11号杆)搭通,完成负荷改接工作。8时10分,工作负责人陈某接到当值调度10千伏海福线7号杆分段开关已停电、可以在后段开始工作的命令后,立即安排工作班成员王某、刘某登上海福线10号杆及尚南支线1号杆开始导线撤除工作。8时30分,在此项工作结束、杆上人员撤离时,陈某仍未接到10千伏海东线停电的通知。8时45分,三人来到新的工作地点(尚南支线5号杆)后,陈某向刘某交代10千伏海东线还未停电,让他在杆下待命,随后和王某再次对两条线路的相序进行清理。9时15分,在杆下附近的陈某与王某正在用石块在地面模拟相序图时,突然听到"啊"的一声,两人扭头一看,发现不知何时登上工作杆(杆型为方杆)的刘某已躺在下层横担上,叫声正是他触电时发出的。见此情景,工作负责人陈某马上通知变电站立即拉开10千伏海东线开关;在得到确切的停电通知后,立即派人上杆将刘某取下电杆,发现其身体左肩膀到右脚底已被击穿,在送到医院后确诊已经死亡。

## 二、涉及条例及暴露的主要问题

① 　工作人员安全意识淡薄，自我保护意识差，业务技能不强，在未得工作许可及无人监护的情况下擅自登杆作业，工作前不按《电力安全工作规程（配电部分）》第4.1条采取保证安全的"停电、验电、接地"的技术措施，就开始登杆工作。

② 　工作负责人虽在工作前交代了安全措施和相关事项，但未按照《电力安全工作规程（配电部分）》第3.3.12.4（3）条的规定在工作过程中未对工作班成员认真监护，及时纠正违章行为。

## 三、应吸取的教训

1. 在作业过程中应相互关心施工安全，尤其是对安全意识淡漠、业务能力差的作业人员。

2. 对作业中的危险点应特殊交代，并确保每位人员都已知晓。

## 四、防范措施

1. 进行安全生产形势教育，有针对性地进行《安规》培训和"四不伤害"教育，提高员工的安全技能和自我保护意识。服从工作负责人的指挥。

2. 强化安全职责，工作负责人在作业前必须向工作班成员交代安全措施、注意事项，并确认每一个工作班成员都已知晓。同时对作业中的危险点重点监控，防止事故发生。

3. 对精神状态不佳者决不允许参加工作，对工作当日行为异常者应重点监控。

事故篇

事故案例
06

不装设接地线，未严格
执行工作终结制度

## 一、案例回放

2014年8月11日，某供电所根据计划，在白腊村3社实施220伏低压线路施工。副所长王某（工作负责人）带领表箱安装组和线路安装组在现场负责施工，9时左右，线路组分为两组，小组负责人胡某、易某一组负责组立电杆，李某、杨某（死者）和张某（与杨某同杆工作）一组负责装横担、架设导线（未装设接地线）。16时40分，胡某一组工作结束，和李某一同去吃饭（李某与死者同组但不同杆工作，自身工作完后即擅自先行离开同组成员）。胡某在半路遇见副所长王某，汇报工作已结束可以送电（其他人员没有提出异议）。17时左右，杨某和张某仍在线路上进行扎线工作，杨某突然触电，张某及时发现，赶紧蹬倒杨某所站的木梯欲使其脱离电源，杨某从6米高处摔到泥土坡上后翻入距电杆3米远的水田中，因伤势过重，经抢救无效死亡。

## 二、涉及条例及暴露的主要问题

① 《国家电网公司电力安全工作规程（配电部分）（试行）》第3.7.1条：工作完工后，应清扫整理现场，工作负责人（包括小组负责人）应检查工作地段的状况，确认工作的配电设备和配电线路的杆塔、导线、绝缘子及其他辅助设备上没有遗留个人保安线和其他工具、材料，查明全部工作人员确由线路、设备上撤离

151

后，再命令拆除由工作班自行装设的接地线等安全措施。接地线拆除后，任何人不得再登杆工作或在设备上工作。该小组负责人胡某在未确认所有工作人员都下杆的情况下，就向工作许可人王某（总工作负责人）汇报工作终结是造成本次事故的主要原因。

② 《国家电网公司电力安全工作规程（配电部分）（试行）》第3.5.2条：工作负责人、专责监护人应始终在工作现场。工作负责人在工作还没有结束就离开工作现场，让工作人员失去了监护。

③ 《国家电网公司电力安全工作规程（配电部分）（试行）》第4.4.1条：当验明确已无电压后，应立即将检修的高压配电线路和设备接地并三相短路，工作地段各端和工作地段内有可能反送电的各分支线都应接地。现场作业人员没有在工作地点可能来电的各侧装设接地线。

## 三、应吸取的教训

1. 线路工作时，工作负责人（包括小组负责人）必须确认所有工作已经结束，所有工作人员均由杆塔上撤离；多小组工作时，必须得到所有小组工作负责人的汇报，所有接地线已拆除后，方能向工作许可人汇报工作已终结。

2. 线路停电工作时，必须要在工作地段可能来电的各侧验明确无电压，并装设接地线后方可开始工作。

3. 工作负责人应仔细检查工作票上所列安全措施是否正确完备，不足时予以补充，并监督作业人员严格执行工作票安全措施。

4. 工作开始后，工作负责人应始终留在工作现场，对工作人员的安全进行监护，不得在工作未结束时擅自离开工作现场。

## 四、防范措施

1. 加强对工作负责人《电力安全工作规程》（配电部分）、工作票制度的培训和责任心的教育，严格执行工作票制度、工作许可制度和工作终结和恢复送电制度。

2. 对于线路工作，严格执行停电、验电和挂地线三步曲，对于工作地点各侧可能来电的方向都要验电并挂地线。

3. 工作负责人开工前应向工作人员交代工作内容、安全注意事项，并严格执行工作监护制度，始终在工作现场对工作班成员进行监护。

事故案例

## 07 无票作业，未断开全部 可能来电的电源

### 一、案例回放

　　2014年9月8日，某供电所利用10千伏黄鱼线大修的停电机会，对10千伏黄鱼线林丰支线配电变压器避雷器（在19号杆刀闸后端）进行更换。工作票上最初的工作负责人、停送电联系人是供电所所长李某，由于李某要去其他施工地点，因此临时指定何某担任工作负责人，张某担任停送电联系人。张某在得知10千伏黄鱼线已停电后，立即电话通知何某："拉开10千伏黄鱼线林丰支线19号杆隔离开关，在验电挂接地线后开始工作"。原工作负责人李某虽然办了第一种工作票，并且所列安全措施齐全，但未向新负责人何某和工作班成员交代，工作票也未在现场（在李某身上）。何某在得到通知后，立即带领赵某（伤者）等四人，在无票且未拉开19号杆隔离开关也未验电的情况下开始工作。18时24分工作结束后，赵某站在跌落式熔断器（熔断器与避雷器安装在同一组双横担上）横担上徒手取接地线，在取完B相和C相后，因10千伏黄鱼线大修工作结束恢复供电，造成赵某在取A相时右手触电，坠落地面，右手掌及前臂烧伤，右臂及右腿外部皮面擦伤。

## 二、涉及条例及暴露的主要问题

① 《国家电网公司电力安全工作规程（配电部分）（试行）》第
3.5.5条：工作期间，工作负责人若需暂时离开工作现场，应指定
能胜任的人员临时代替，离开前应将工作现场交代清楚，并告知
全体工作班成员。原工作负责人返回工作现场时，也应履行同样
的交接手续。工作负责人若需长时间离开工作现场时，应由原工
作票签发人变更工作负责人，履行变更手续，并告知全体工作班
成员及所有工作许可人。原、现工作负责人应履行必要的交接手
续，并在工作票上签名确认。

② 《国家电网公司电力安全工作规程（配电部分）（试行）》第
4.2.2条：检修线路、设备停电，应把工作地段内所有可能来电的
电源全部断开（任何运行中星形接线设备的中性点，应视为带电设
备）。作业人员未拉开19号杆隔离开关，也未验电就装设接地线。

③ 　现场施工组织管理极其混乱。实际许可的工作负责人不到现场，随意委托其他人员担任工作负责人和停送电联系人，并未向工作班成员交代，现场工作联系混乱，工作班成员盲目、无序开工。

④ 　《国家电网公司电力安全工作规程（配电部分）（试行）》第3.3.9.6条：工作许可时，工作票一份由工作负责人收执，其余留存工作票签发人或工作许可人处。工作期间，工作票应始终保留在工作负责人手中。本案例虽然办理了工作票，但未交给指定的工作负责人，也未带到工作现场。

⑤ 　《国家电网公司电力安全工作规程（配电部分）（试行）》第4.4.8条：装设、拆除接地线均应使用绝缘棒并戴绝缘手套，人体不得碰触接地线或未接地的导线。

### 三、应吸取的教训

1. 线路工作时，必须严格履行停电、验电、挂接地线的安全措施。停电设备的各端，必须有明显的断开点。拆除接地线时必须戴绝缘手套。

2. 线路工作时，必须按规定办理线路工作票，并由工作负责人随身携带。工作负责人要检查工作票所列的安全措施是否正确完备并符合现场实际，严格执行工作票所列的安全措施。

3. 经批准的工作负责人不得随意变更。如确实要长时间离开工作现场的，必须履行相应的变更手续，并告知全体工作班成员。

### 四、防范措施

1. 规范停送电送联系制度。10千伏及以上线路工作的工作许可人应为值班调度人员；同一条线路由不同的施工队伍进行作业时应分别办理停电申请和工作票，并分别完成各自的安全措施。

2. 线路工作时，停电设备的各端，必须有明显的断开点，如隔离开关、跌落式熔断器等。装拆接地线时必须戴绝缘手套。

3. 严格执行工作票制度，线路工作都必须按规定办理工作票，严格执行工作票所列的安全措施，并由工作负责人随身携带。

4. 现场工作负责人要变更时，必须履行相应的变更手续，并告知全体工作班成员。

**事故案例**
**08**

# 未挂禁止合闸标示牌，不装设接地线

## 一、案例回放

2013年2月25日8时00分，某供电所工作负责人付某持工作票带领赵某、杨某去处理10千伏××线所属一处低压导线断股和调整49~50号杆高压导线弧垂。上午作业人员拉开线路高压跌落式熔断器后（未悬挂"禁止合闸，有人工作"标示牌），完成低压线路断股消缺工作，下午按工作计划前往49号杆调整弧垂。14时30分，当付某、赵某在地面整理工器具时，杨某认为线路已停电无危险，在未验电、接地且未许可工作的情况下擅自登杆，触及10千伏导线，从电杆上摔下身亡。

来电的原因：该片区电工唐某发现停电，便到线路跌落式熔断器处了解情况，见跌落式熔断器已拉开，即到停送电联系人家去询问情况，停送电联系人不在，其妻子回答："你来了就把电送上。"唐某即去合上跌落式熔断器。

## 二、涉及条例及暴露的主要问题

① 《国家电网公司电力安全工作规程（配电部分）（试行）》第4.1条：在配电线路和设备上工作保证安全的技术措施：停电、验电、接地、悬挂标示牌和装设遮栏（围栏）。

②《国家电网公司电力安全工作规程（配电部分）（试行）》第
3.3.12.5（2）条：工作班成员服从工作负责人（监护人）、专责
监护人的指挥，严格遵守本规程和劳动纪律，在指定的作业范围
内工作，对自己在工作中的行为负责，互相关心工作安全。

③　工作票中安全措施不完善。在安全措施栏中未填写：应在跌
落式熔断器处挂接地线一组及挂"禁止合闸，线路有人工作"标
示牌。

④《国家电网公司电力安全工作规程（配电部分）（试行）》第
4.2.8条：可直接在地面操作的断路器（开关）、隔离开关（刀闸）
的操作机构应加锁；不能直接在地面操作的断路器（开关）、隔
离开关（刀闸）应悬挂"禁止合闸，有人工作！"或"禁止合闸，

线路有人工作！"的标示牌。熔断器的熔管应摘下或悬挂"禁止合闸，有人工作！"或"禁止合闸，线路有人工作！"的标示牌。作业人员未悬挂标示牌，致使唐某误合开关，使线路恢复送电。

⑤　工作负责人付某在工作前对工作人员只交代工作任务，未遵守《国家电网公司电力安全工作规程（配电部分）（试行）》第3.3.12.2（2）条：工作负责人检查工作票所列安全措施是否正确完备，是否符合现场实际条件，必要时予以补充完善。

## 三、应吸取的教训

　　1. 线路作业中应严格按照要求将熔管摘下，在跌落式熔断器处挂"禁止合闸、线路有人工作"标示牌，防止有人误送电。

　　2. 明确设备的管理维护、明确应由谁去执行停送电、应由谁许可、操作任务听谁命令，并使每一位相关人员都知晓。

　　3. 作业人员应有较强的自我保护意识，听从工作负责人（监护人）、专责监护人指挥，作业前应严格执行停电、验电、挂接地的安全措施。

## 四、防范措施

1. 已停电的跌落式熔断器上应悬挂"禁止合闸，有人工作！"标示牌。

2. 严格执行"三防十要反六不"要求，停电检修应首先验电、装设接地线。

3. 工作前工作负责人应对工作班成员进行工作任务、安全措施交底和危险点告知，并确认每个工作班成员都已签名。监督工作班成员遵守安全规程、正确执行现场安全措施，关注工作班成员身体状况和精神状态是否出现异常迹象。作业人员应服从工作负责人（监护人）、专责监护人的指挥。

4. 开展安全教育培训，逐步提高员工技能水平和自我保护意识。加强对农电作业现场的督察，纠正违章行为。

5. 加强设备运行管理，杜绝设备管理中的混乱现象出现。

事故案例
**09**

## 停电范围错误，徒手合跌落式熔断器

## 一、案例回放

2014年4月19日，某供电所按照工作计划，实施10千伏青城线1、2号公用变压器更换低压引线，3、4号公用变压器安装低压隔离开关和更换低压引线工作。15时20分，工作负责人李某安排工作班成员刘某用操作杆拉开4号公用变压器10千伏跌落式熔断器；15时40分，李某接倒闸操作人员通知10千伏青城线II、III段已停电，随后李某通知小组负责人钟某和工作班成员刘某、仇某线路已停电。18时40分左右工作结束，李某和钟某在现场监护刘某拆除接地线。18时47分，刘某从变压器台梁上攀登至跌落式熔断器下侧衬足间隙处，刘某打好安全带后首先用手合上10千伏青城线4号公用变压器C相跌落式熔断器，在合中相跌落式熔断器时开关下桩头对刘某左手放电，致使刘某触电并惨叫；李某立即安排正准备下台梁的仇某去营救刘某，仇某在第二次接绳子的过程中不慎触及变压器带电部分并从台梁上落下受伤。此次事故造成刘某左手掌轻度电击伤，仇某双手掌轻度电击伤、左小腿胫骨骨折。

设备带电的原因：作业班组现场勘察走过场，未仔细核对现场接线情况，办理停电申请书所附接线图错误，误认为3、4号公用变压器在10千伏青城线II、III段上，并根据错误信息办理了停电申请。而实际3、4号公用变压器在10千伏青城线IV段上，该段并未停电。

## 二、涉及条例及暴露的主要问题

① 《国家电网公司电力安全工作规程（配电部分）（试行）》第 3.2.3条：现场勘察应查看检修（施工）作业需要停电的范围、保留的带电部位、装设接地线的位置、邻近线路、交叉跨越、多电源、自备电源、地下管线设施和作业现场的条件、环境及其他影响作业的危险点，并提出针对性的安全措施和注意事项。作业班组现场勘察走过场，未找出工作中的危险点，并制定防范措施。

② 《国家电网公司电力安全工作规程（配电部分）（试行）》第 5.2.8.5条：更换配电变压器跌落式熔断器熔丝，应拉开低压侧开关（刀闸）和高压侧隔离开关（刀闸）或跌落式熔断器。摘挂跌落式熔断器的熔管，应使用绝缘棒，并派人监护。作业人员严重违章，徒手合跌落式熔断器，造成了触电。

③　办理停电申请书的人员对网络不熟悉，停电申请书审批人员对停电申请书的审批把关不严，盲目签字，未及时纠正停电范围错误。

④　工作票签发人违反了《国家电网公司电力安全工作规程（配电部分）（试行）》第3.3.12.1条：工作票签发人确认工作票上所列安全措施正确完备、确认工作票上所列安全措施正确完备。

⑤　现场工作负责人、监护人未履行监护职责，在接拆除接地线后应认为线路带电，不准任何人再登杆进行任何工作，相反却认可工作人员重新登杆徒手合跌落式熔断器。

⑥　在营救刘某的过程中，工作负责人在未先切断电源，更没采取安全措施的情况下，就盲目指挥营救人员前往营救，造成第二个工作人员触电坠落受伤。

## 三、应吸取的教训

**1.** 作业前现场勘察应到位，充分掌握作业场所的接线、运行状况、工作中的危险点及应采取的防范措施。

**2.** 杜绝违章作业行为，监护人、工作负责人认真做好监护，及时纠正工作人员的违章行为。

**3.** 工作班组应针对本工种工作特点进行相关事故演习，熟练掌握事故处理步骤，发生事故时不能忙中出错，造成更大的伤害和损失。

## 四、防范措施

**1.** 组织人员再次复核配网接线，并完善图纸，确保图物相符。并要求相关人员认真审批停电申请书。

**2.** 在电气设备或电力线路上作业，应认真进行作业前现场勘察，完成保证安全的组织措施和技术措施，并确保工作班每位成员都知晓。

**3.** 提高员工自我保护意识，线路作业除工作地段两端验电、挂接地线外，登杆前靠近或接触设备，确认安全后再工作，防止误登带电杆塔。

**4.** 进行《安规》培训和安全思想教育，要求各级人员严格执行岗位安全责任，专责监护人和工作负责人应认真监护，工作班成员相互关心施工安全，纠正工作人员违章行为，严处徒手合跌落式熔断器等违章行为。

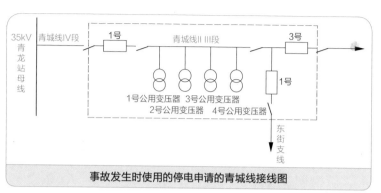

**事故发生时使用的停电申请的青城线接线图**

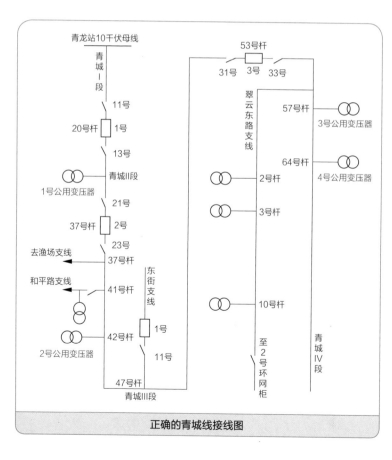

**正确的青城线接线图**

## 事故案例 10

### 使用旧拉线，未采取防倒杆措施

### 一、案例回放

2014年1月15日，某供电所根据周生产计划，由工作负责人吴某带领工作班成员周某、任某等8人，到谷塔村河边台区6号杆处理对地距离不足缺陷，准备将6号杆由原来的7米杆更换为10米杆。9时20分新10米杆立好后，并将原7米电杆拉线移至新立10米电杆作正式拉线安装好。吴某安排周某、任某上杆工作；在把金具、横担安装完并收好两根线后，吴某又安排李某上杆帮助扎线；李某上杆后正准备收另一档导线时（与先收两线垂直方向），拉线断脱，电杆从离地面30厘米处断裂倒杆，在杆上工作的周某等3人随杆倒落，其中周某、任某被压在电杆横担下，李某从电杆上面被抛下来。周某、任某抢救无效死亡，李某重伤全身多处骨折。

### 二、涉及条例及暴露的主要问题

① 《国家电网公司电力安全工作规程（配电部分）（试行）》第6.4.5条：紧线、撤线前，应检查拉线、桩锚及杆塔。必要时，应加固桩锚或增设临时拉线。拆除杆上导线前，应检查杆根，做好防止倒杆措施，在挖坑前应先绑好拉绳。作业人员盲目登杆收线，在收与拉线垂直的干线时，也未设置临时拉线。

(2) 作业人员专业技能差，安全意识不强。将7米杆更换为10米杆后，就简单地利用原有拉线，改变受力，且拉线未紧固就开始收线。

(3) 危险点分析不到位，未制定切实可行的预控措施。

## 三、应吸取的教训

1．对低压消缺工作管理人员应同样重视，监督相关班组制定详细的技术方案和安全措施。

2．作业班组应严格贯规贯制，登杆前应全面检查杆基、拉线是否牢固，不符合要求时采取必要的安全措施后方可登杆

作业。

3. 加强人员业务培训，提高人员业务技能。

## 四、防范措施

1. 认真进行作业前勘察，查明作业条件、危险点，编制有针对性的施工方案。开工前工作负责人向工作班成员交代安全措施、施工方案、危险点及注意事项，并确认每一位工作班成员都已知晓。

2. 开展业务培训，提高作业人员业务技能，杜绝不规范作业和野蛮施工。

3. 进行安全知识培训和安全思想教育，严格按规程作业。线路施工紧线、拆线前，应检查拉线、桩锚及杆基情况，必要时，应加固桩锚或加设临时拉线。

## 擅自更改作业方案，野蛮施工

### 一、案例回放

2014年3月20日，某供电所副所长黄某（工作负责人）带领徐某等3人，到10千伏望龙线8号杆拆除配电变压器及台架。由于8号杆处已因开发区施工形成了一个离地面约7米左右高度的小孤岛，施工地形条件较差，普通吊车的吊臂不够长，现场查勘要求使用16吨以上的吊车。施工当天未租用到大吨位吊车，黄某擅自决定改用机动绞磨（由黄某亲自操作）起吊。计划使用绞磨起吊配电变压器，同时使用货车拉动配电变压器横向移动，将配变水平移动约4米，并用绞磨放至地面装车。

随后，黄某安排徐某上杆作业，徐某登上变压器台架上完成拆除导线、挂滑轮等工作，随后黄某要求其在吊装过程中先下杆，但徐某回答说"没事!"就仍然继续在杆上等待，而黄某也就未予制止。作业过程中，汽车缓缓拖动配电变压器向前移动约1米左右距离时，电杆突然从杆根处横向断裂倒下，徐某随即从约14米左右的高度坠落至地面，经抢救无效死亡。

### 二、涉及条例及暴露的主要问题

① 工作负责人擅自更改作业方案，危险点分析不足。

171

(2) 违章使用汽车拖动配电变压器，野蛮施工，造成电杆裂开直至倒下。

(3) 工作人员自我保护意识差，不听从工作负责人指挥，违反了《国家电网公司电力安全工作规程（配电部分）（试行）》第3.3.12.5条：工作班成员服从工作负责人（监护人）、专责监护人的指挥，严格遵守规程和劳动纪律，在指定的作业范围内工作，对自己在工作中的行为负责，互相关心工作安全。

(4) 黄某违反了《国家电网公司电力安全工作规程（配电部分）（试行）》第3.3.12.2条：工作负责人监督工作班成员遵守本规程、正确使用劳动防护用品和安全工器具以及执行现场安全措施。黄某未能坚持要求徐某下杆的安排，对徐某的违章行为听之任之。

## 三、应吸取的教训

1. 对于经过现场勘察后制定的施工方案要严格执行，禁止擅自更改方案，若认为有必要更改，必须经相关人员充分论证、审批、确认安全后执行。

2. 应切实提高工作人员的安全意识和自我保护意识，严格遵守规程制度。

3. 对于现场作业特别是较为复杂或者风险较高的作业，监护人员应监护到位，对现场违章行为及时制止和纠正。

4. 吊装过程中，人员不得在杆上，应离开起吊半径，防止坠物伤人。

## 四、防范措施

1. 严格执行现场勘察制度，施工方案要有针对性，经审核后的施工方案禁止现场工作人员擅自更改。

2. 落实各级安全责任，工作负责人应正确安全地组织工作，督促工作班成员遵守安规，正确执行现场安全措施。有触电危险、检修（施工）复杂容易发生事故的工作，应增设专责监护人，并确定其监护的人员和工作范围，且专责监护人不得兼做其他工作。

3. 加强作业人员的安全意识和责任心，对施工过程中出现的异常现象应仔细分析、查明原因并采取有效措施，杜绝野蛮作业。

4. 加强安全知识培训和安全意识教育，及时有效地纠正作业人员的违章行为，严格执行施工方案，防止事故发生。

事故案例
## 12
## 未与带电导线保持安全距离

## 一、案例回放

　　2014年9月26日，某供电所安排该所员工王某（死者）带领朱某（民工）更换10千伏××线杆塔号牌。14时24分，王某在更换22号杆号牌时，攀登至变压器台梁以上，取下两块旧号牌（其中一块为杆号牌，另一块为变压器号牌），在解开安全带准备下移至变压器台梁以下安装新号牌时，正埋头整理新装号牌的朱某听到了王某发出的呼喊声，抬头发现王某已悬挂在变压器台梁下方，安全带卡在变压器台梁缝隙内。朱某随即呼叫王某名字，但并无应答。朱某立即电话通知所长赵某，经赵某停电并联系当地卫生所到现场进行抢救，王某最终抢救无效死亡。

　　经法医鉴定其死亡原因为电击。

## 二、涉及条例及暴露的主要问题

　　① 王某在工作中未能遵守《国家电网公司电力安全工作规程（配电部分）（试行）》第3.3.7.4条：涂写杆塔号、安装标志牌等工作地点在杆塔最下层导线以下，并能够保持安全距离的工作。

　　（10千伏电压等级安全距离为0.7米）

② 　王某在工作中未能遵守《国家电网公司电力安全工作规程（配电部分）（试行）》第4.2.1.3条，不符合规定且无绝缘遮蔽或安全遮栏措施的设备。现场杆号标示张贴过高，在作业时距离不足0.7米，应对线路及设备进行停电后才能工作。

③ 　王某在工作中未能遵守《国家电网公司电力安全工作规程（配电部分）（试行）》第6.6.1条：在带电杆塔上进行测量、防腐、巡视检查、紧杆塔螺栓、清除杆塔上异物等工作，作业人员活动范围及其所携带的工具、材料等与带电导线最小距离不得小于规定。若不能保持要求的距离时，应按照带电作业或停电进行。

④ 　王某在工作中未能遵守《国家电网公司电力安全工作规程（配电部分）（试行）》第6.7.5条：为防止误登有电线路，应采取以下措施，登杆塔和在杆塔上工作时，每基杆塔都应设专人监护。

## 三、应吸取的教训

1. 王某在工作中登杆作业未能与设备带电部位保持足够的安全距离，造成设备带电部位对人体放电是本次事故的直接原因。

2. 违章指挥，强令冒险作业。供电所工作安排不当，一人工作，登高作业和邻近带电部位作业工作人员失去监护是造成本次事故的重要原因。

3. 供电所所长赵某在进行工作安排时虽对安全工作进行的强调，但内容宽泛，没有针对性，赵某在布置工作的同时没有布置安全工作，没有做好危险点分析、布置安全措施和交代安全注意事项。

4. 对存在危险的工作未进行现场查勘。供电所未对现场安全风险进行分析，未布置现场查勘工作。

5. 供电所安全员未能严格履行监督职责，在所长布置生产工作的会上，对所长未布置安全工作一事未进行指出和提醒。供电所对规程规章制度的学习不深入，未能将标志牌安装相关规范和要求、安全生产工作规定、安全工作规程相关要求贯彻落实到每位员工。

## 四、防范措施

1. 严格执行安全生产规章制度。登杆作业时，人员与设备带电部位应保持足够的安全距离。10千伏应与带电部位保持至少0.7米距离。对作业距离与带电部位距离大于0.35米、小

于0.7米且无绝缘遮蔽或安全遮栏措施时，应申请停电作业。

2. 加强施工作业现场安全风险管控。严格执行《安规》和"两票三制"，落实安全组织措施和技术措施。严格落实风险预控措施和标准化作业要求，结合实际深入开展现场危险点分析，认真做好安全交底和技术交底，确保施工作业人员任务清楚、危险点清楚、作业程序方法清楚、安全保障措施清楚。落实工作票签发人、工作负责人、工作许可人等关键岗位人员安全职责，加强现场监督检查，严把现场安全关。

3. 严格落实安全监督管理职责。认真履行各专业、各层面安全风险防控职责，推行到岗到位"顺查"、"倒查"，全面落实领导干部和管理人员到岗到位责任。提升反违章工作效能，加大查纠整治力度。

4. 加强人员安全教育培训。组织相关人员进行安全工作规定和《安规》学习并考试。强化一线员工安全意识和安全技能素质。强化安全技能培训、安全责任意识教育，组织开展工作负责人、安全员、技术员等施工作业关键人员安全和技术技能培训考核，严把施工作业人员安全素质关。

## 事故案例

# 13

# 业务技能缺失，独自登高作业

## 一、案例回放

2014年4月3日，某供电所技术员黄某带领赵某，一同前往坝底村检查高压计量装置。9时25分左右到达现场后，拉开跌落式熔断器准备检查，黄某发现一表箱未铅封，便回所里取工具，临走前交代赵某等其返回后再一同工作。9时50分，待黄某返回现场时，发现赵某已倒在计量箱下方水泥地上，送往医院后确认已经死亡。

设备带电的原因：该计量箱接于跌落式熔断器电源侧，拉开跌落式熔断器后计量箱仍处于带电状态。在没有监护的情况下，赵某独自一人爬上高压计量箱工作，右手触及高压计量箱10千伏高压套管接头带电部分而触电。

## 二、涉及的条例及暴露的主要问题

① 赵某对现场设备不熟悉，业务能力差，对现场电气设备接线方式不清楚，根本没有意识到拉开该变压器高压侧跌落式熔断器后高压计量箱仍处于带电状态。

② 赵某违反了《国家电网公司电力安全工作规程（配电部分）（试行）》第3.3.2条：配电工作，需要将高压线路、设备停电或做安全措施者，应填用配电第一种工作票。

③ 赵某在电气设备上工作，未按《国家电网公司电力安全工作规程（配电部分）（试行）》第4.1条：在配电线路和设备上工作保证安全的技术措施。[停电、验电、接地、悬挂标示牌和装设遮栏（围栏）]

④ 赵某未听从工作负责人安排，爬上高压计量箱工作。违反了《国家电网公司电力安全工作规程（配电部分）（试行）》第3.3.12.5条：工作班成员服从工作负责人（监护人）、专责监护人的指挥，严格遵守规程和劳动纪律，在指定的作业范围内工作，对自己在工作中的行为负责，互相关心工作安全。

## 三、应吸取的教训

1. 电气作业人员必须具备必要的业务技能以及足够的安全知识和安全意识，严禁擅自工作，在电气设备上工作必须采取保证安全的组织措施和技术措施。

2. 配电设备安装应严格执行相关技术规程规范及安全要求，计量箱应装于跌落式熔断器后，既便于计量箱的维护，也能避免安全事故。

3. 工作班成员应听从工作负责人安排，严禁违章作业。

## 四、防范措施

1. 作业人员必须严格执行《国家电网公司电力安全工作规程（配电部分）（试行）》，采取保证安全的组织措施和技术措施。

2. 严格执行现场查勘制度，并加强现场风险管控。

3. 加强设备和技术监督管理。做到从设计、设备选型、安装调试、投运各个环节实现安全生产全过程管理。

4. 加强工作的计划管理，杜绝工作的随意性，认真做好开工前的各项准备工作。

5. 加强安全知识培训和安全意识教育，不断提高一线人员的技术技能水平，防止事故发生。

## 事故案例 14

# 无票作业，失去监护，擅自扩大工作范围

## 一、案例回放

2014年4月23日，某供电所副所长黄某应福霖村村长请求，带领赵某、刘某帮助处理该村灌溉用电机石板隔离开关接线松动缺陷。到达现场后，工作班人员拉开该村抽水专用变压器低压侧开关，并取下高压跌落式熔断器后，在低压1号杆装设接地线一组，然后到抽水电机处处理石板隔离开关接线松动的缺陷。缺陷处理完毕后，三人返回专用变压器处，在黄某、赵某打开电表箱检查时，刘某擅自登上台架检查配电变压器高、低压套管接线是否松动，当触及配电变压器高压引线时触电落地，经抢救无效死亡。

经检查，该村村民为图省事，以免处理跌落式熔断器故障，在该变压器A相跌落式熔断器架背后搭有铝丝，致使拉开三相跌落式熔断器后，变压器高压侧引线仍带电，刘某登上配电变压器台触及高压引线时，造成触电。

## 二、涉及条例及暴露的主要问题

① 《安全生产典型违章100条》第28条：不按规定使用工作票进行工作。同时未根据安规要求做好组织措施和技术措施。

② 《安全生产典型违章100条》第34条：专责监护人不认真履行监护职责，从事与监护无关的工作。黄某作为工作负责人，未认真监护工作班人员行为。

③ 用电检查及安全宣传不到位，未及时发现配电变压器跌落式熔断器被短接。

## 三、应吸取的教训

1. 作业人员未经许可，擅自扩大工作范围。

2. 现场安全管理松懈。供电所副所长黄某带人到用户自维的电气设备工作时，未使用工作票，工作任务、工作范围及安全注意事项交代不清，未认真履行监护职责，拉开高压跌落式熔断器后对断开点检查不到位。

3. 用电检查不到位，未发现村民用铝丝代替跌落式熔断器熔丝。

4. 员工风险辨识能力不强。攀登不在工作范围内的配电变压器，触及未经验电、装设接地线的变压器高压引线。

## 四、防范措施

1. 电气作业人员必须具备足够的安全知识和安全意识，严禁擅自扩大工作范围，在电气设备上工作必须采取保证安全的组织措施和技术措施。

2. 加大用电检查力度，及时发现隐患，并进行整改。

3. 根据工作任务办理工作票，明确工作负责人和工作班成员以及作业现场应采取的安全措施。

4. 工作前，工作负责人应向工作班成员交代工作内容、人员分工、带电部位和现场安全措施、进行危险点告知，并履行确认手续。

5. 严格履行工作监护制度，确保作业人员作业范围在要求范围内，确保各项危险点预控措施得到有效控制。

**事故案例 15**

# 勘察不到位，安全措施不完善

## 一、案例回放

2014年8月9日，某供电所按计划调整某台区低压负荷。现场工作负责人杨某与工作班成员余某等4人一同前往现场进行勘察，仅勘察了部分现场，并确认需将该台区配电变压器停电，并办理了线路第一种工作票。但勘察过程中遗漏了与部分工作地段低压线路同杆架设但不同电源的路灯线路，工作票中没有对路灯线路提出"停电和挂接地线"的安全技术措施。

工作当日，其中一个小组的作业人员发现该小组负责的线路上同杆架设有路灯线路，立即向工作负责人杨某提出，杨某电话沟通后确认路灯管理局今日同样有工作，路灯线路已停电。杨某便召开了班前会，完成工作票上所列的停电、验电、挂接地线等措施后，组织工作班成员开始作业。16时25分，余某在线低压线路上进行工作时，因路灯线路突然来电造成触电死亡。

## 二、涉及条例及暴露的主要问题

① 《安全生产典型违章100条》第16条：未按要求进行现场勘察或勘察不认真、无勘察记录。

② 《国家电网公司电力安全工作规程（配电部分）（试行）》第
3.3.12.1（2）条，工作票签发人应"确认工作票上所列安全措施
正确完备"；第3.3.12.2（2）条工作负责人应"检查工作票所列
安全措施是否正确完备，是否符合现场实际条件，必要时予以补
充完善"的规定。

③ 《国家电网公司电力安全工作规程（配电部分）（试行）》第
4.2.7条：低压配电线路和设备检修，应断开所有可能来电的电源
（包括解开电源侧和用户侧连接线），对工作中有可能触碰的相邻
带电线路、设备应采取停电或绝缘遮蔽措施。

## 三、应吸取的教训

1. 现场勘察人员责任心不强，现场勘察不到位。工作负责人在组织进行现场勘察时，对作业需要停电的范围勘察不仔细，遗漏了同杆架设但由不同电源供电的路灯线路。

2. 对设备状况掌握不全面。工作票签发人、工作负责人对该低压线路及运行状况掌握不全面，致使在填写、审核及签发工作票时，遗漏了与工作地段同杆架设的路灯线。

3. 作业人员安全意识淡薄，自我保护能力差，对作业环境中危险点辨识、防范不到位。工作负责人杨某在现场组织施工作业过程中又没有认真核对现场，并补充完善安全措施，在路灯线没有挂接地线的情况下，组织工作班人员开始施工作业。

4. 设备运行管理不到位。路灯线与同杆架设的低压架空线路不是同一电源供电，但未在线路运行资料上标明。

## 四、防范措施

1. 线路运维单位应完善运行资料，对辖区内交叉跨越等应建立详实档案，并及时更新。

2. 根据工作计划组织现场勘察。明确现场作业需要停电的范围、现场保留的带电部分和作业现场的条件、环境及其他危险点等，必要时绘图说明。勘察过程应严格、细致、全面，不能遗漏任何危险点。根据工作任务及现场勘察，填写、审核及签发工作票。召开班前会，熟悉作业方案，明确人员分工，做好危险点分析，交代安全注意事项对现场安全措施进行补充。

3. 根据工作任务及现场勘察，填写、审核及签发工作票。召开班前会，熟悉作业方案，明确人员分工，做好危险点分析，交代安全注意事项对现场安全措施进行补充。进行现场安全交底时，要使作业人员做到"四清楚"，将危险点告知并提问无误后，作业人员在工作票上签名确认。

4. 凡是有可能送电到停电线路的（包括用户线路）都要装设接地线，防止反送电。